Physikalische Formeln und Daten

Von Tilo Fischer und Hans-Jerg Dorn

Inhaltsverzeichnis

Sämtliche Formeln werden in vier Spalten dargestellt:

Bezugs-Größe	math. Formel	Formel-zeichen	wichtige Einheiten

Gedruckt auf Papier aus chlorfrei gebleichtem Zellstoff, säurefrei.

Elementare Mechanik

Geschwindigkeit v (konstant)	$v = \frac{s}{t}$	s Weg t Zeit	m s
Haftreibungskraft F_h Gleitreibungskraft F_g	$F_h = f_h F_G$ $F_g = f_g F_G$	F_h Haftreibungskraft f_h Haftreibungszahl F_G Gewichtskraft F_g Gleitreibungskraft f_g Gleitreibungszahl	N 1 N N 1
Hookesches Gesetz (lineares Kraftgesetz)	$F = -D s$	F Kraft D Federkonstante (Richtgröße) s Weg	$N = kg\,m\,s^{-2}$ Nm^{-1} m
Arbeit W Leistung P	$W = F_s s$ $P = \frac{W}{t}$ $P = F_s v \quad (v = \frac{s}{t})$	W Arbeit F_s Kraft in Wegrichtung s Weg P Leistung W Arbeit t Zeit F_s Kraft in Wegrichtung v Geschwindigkeit	$J = kg\,m^2\,s^{-2}$ N m $W = Js^{-1}$ J s N ms^{-1}
schiefe Ebene	$\frac{F_H}{F_G} = \frac{h}{l}$	F_H Hangabtriebskraft F_G Gewichtskraft h Höhe der schiefen Ebene l Länge der schiefe Ebene	N N m m
Drehmoment M	$M = F a$	M Drehmoment F Kraft a Kraftarm (Abstand der Drehachse von der Wirkungslinie der Kraft)	Nm N m
Hebelgesetz	$F_1 a_1 = F_2 a_2$	F_1 (F_2) Kraft a_1 (a_2) Kraftarme	N m
Dichte ϱ (spezifische Masse) Wichte γ (spezifisches Gewicht)	$\varrho = \frac{m}{V}$ ϱ → Tabelle S. 36 $\gamma = \frac{F_G}{V} = \frac{m g}{V}$	ϱ Dichte m Masse V Volumen γ Wichte F_G Gewicht V Volumen m Masse g Fallbeschleunigung	$kg\,m^{-3}$ kg m^{-3} $Nm^{-3} =$ $kg\,m^{-2}\,s^{-2}$ N m^3 kg ms^{-2}

Druck p	$p = \frac{F_N}{A}$	p Druck F_N Kraft senkrecht zur gedrückten Fläche A Fläche	$Pa = Nm^{-2}$ N m^2
Gesetz von Boyle-Mariotte	$p_1 V_1 = p_2 V_2$ (Temperatur konstant)	p Druck V Volumen	$Pa = Nm^{-2}$ m^3
Schweredruck p einer (ruhenden) Flüssigkeit	$p = h \gamma = h g \varrho$ $\gamma, \varrho \rightarrow$ Tabelle S. 36	p Druck h Höhe der Flüssigkeitssäule γ Wichte (spezifisches Gewicht) g Fallbeschleunigung ϱ Dichte (spezifische Masse)	Pa m Nm^{-3} ms^{-2} $kg\,m^{-3}$
Auftriebskraft F_A in Gasen und Flüssigkeiten	$F_A = \gamma V_K = \varrho g V_K$ $\gamma \rightarrow$ Tabelle S. 36	F_A Auftriebskraft γ Wichte (spezifisches Gewicht) V_K Volumen des eintauchenden Teils des Körpers ϱ Dichte	N Nm^{-3} m^3 $kg\,m^{-3}$
Gesetz von Stokes	$F_R = 6 \pi r \eta v$ $\eta \rightarrow$ Tabelle S. 38	F_R Auftriebskraft r Radius η dynamische Viskosität v Relativgeschwindigkeit	N m $Pa\,s = Ns\,m^{-2}$ ms^{-1}
Gesetz von Torricelli (Ausströmgeschwindigkeit von Flüssigkeiten)	$v = \sqrt{2 g h}$	v Ausströmgeschwindigkeit g Fallbeschleunigung h Höhe der Flüssigkeitsoberfläche über der Ausflußöffnung	ms^{-1} ms^{-2} m
Bernouillische Strömungsgleichung	$p + \frac{1}{2} \varrho v^2 = p_0 = \text{const.}$ $\varrho \rightarrow$ Tabelle S. 36	p statischer Druck ϱ Dichte der Flüssigkeit v Strömungsgeschwindigkeit p_0 Gesamtdruck	Pa $kg\,m^{-3}$ ms^{-1} Pa
Barometrische Höhenformel	$p = p_0 \cdot e^{-\frac{\varrho_0 \cdot g}{p_0} h}$	p (p_0) Luftdruck in der Höhe h ($h = 0$) ϱ_0 Dichte der Luft in der Höhe $h = 0$ g Fallbeschleunigung h Höhe	Pa $kg\,m^{-3}$ ms^{-2} m

Bewegung

Grundgrößen

Geschwindigkeit $\vec{v}$	$\vec{v} = \lim_{\Delta t \to 0} \frac{\Delta \vec{s}}{\Delta t} = \frac{d\vec{s}}{dt}$	v Geschwindigkeit s Weg t Zeit	ms^{-1} m s
Beschleunigung $\vec{a}$	$\vec{a} = \lim_{\Delta t \to 0} \frac{\Delta \vec{v}}{\Delta t} = \frac{d\vec{v}}{dt} = \frac{d^2 \vec{s}}{dt^2}$	v Geschwindigkeit a Beschleunigung	ms^{-1} ms^{-2}

Geradlinige Bewegung mit konstanter Geschwindigkeit

Weg s Geschwindigkeit v	$s = v\,t$ $v = \frac{s}{t}$	s Weg v Geschwindigkeit t Zeit	m ms^{-1} s

Geradlinige Bewegung mit konstanter Beschleunigung

Bewegung **ohne** Anfangsgeschwindigkeit	$s = \frac{1}{2} a\,t^2$	s Weg a Beschleunigung t Zeit	m ms^{-2} s
	$v = a\,t$ $v = \sqrt{2\,a\,s}$ $s = \frac{1}{2} v\,t$	v Geschwindigkeit a Beschleunigung s Weg	ms^{-1} ms^{-2} m
Bewegung **mit** Anfangsgeschwindigkeit	$s = v_0\,t + \frac{1}{2} a\,t^2$ $v = v_0 + a\,t$	s Weg v_0 Anfangsgeschwindigkeit t Zeit a Beschleunigung	m ms^{-1} s ms^{-2}
nachbeschleunigt $a > 0$ verzögert $a < 0$	$v = \sqrt{v_0^2 + 2\,a\,s}$ $s = \frac{1}{2}(v_0 + v)\,t$	v Geschwindigkeit v_0 Anfangsgeschwindigkeit a Beschleunigung s Weg t Zeit	ms^{-1} ms^{-1} ms^{-2} m s
Bremsweg s_{Br}	$s_{Br} = \frac{v_0^2}{2\lvert a \rvert}$	s_{Br} Bremsweg v_0 Anfangsgeschwindigkeit	m ms^{-1}
$(a < 0)$ Bremsdauer t_{Br}	$t_{Br} = \frac{v_0}{\lvert a \rvert}$	t_{Br} Bremsdauer bis $v = 0$	s

Der freie Fall

Weg s	$s = \frac{1}{2} g t^2$	s Weg g Fallbeschleunigung t Zeit	m ms^{-2} s
Geschwindigkeit v	$v = gt \qquad g = 9{,}81 \frac{m}{s^2}$	v Geschwindigkeit g Fallbeschleunigung t Zeit	ms^{-1} ms^{-2} s
Geschwindigkeit v	$v = \sqrt{2gs}$	s Weg	m

Der Wurf (ohne Luftwiderstand)

Wurf nach unten	$s = v_0 t + \frac{1}{2} g t^2$	s Weg v_0 Anfangsgeschwindigkeit	m ms^{-1}
	$v = v_0 + gt$	t Zeit g Fallbeschleunigung	s ms^{-2}
	$v = \sqrt{v_0^2 + 2gs}$	v Geschwindigkeit v_0 Anfangsgeschwindigkeit	ms^{-1} ms^{-1}
Wurf nach oben	$s = v_0 t - \frac{1}{2} g t^2$ $v = v_0 - gt$	s Weg t Zeit v Geschwindigkeit	m s ms^{-1}
	$v = \sqrt{v_0^2 - 2gs}$	v_0 Anfangsgeschwindigkeit	ms^{-1}
Steighöhe h_s	$h_s = \frac{v_0^2}{2g}$	h_s Steighöhe v_0 Anfangsgeschwindigkeit	m ms^{-1}
Steigzeit t_s (= Fallzeit)	$t_s = \frac{v_0}{g}$	g Fallbeschleunigung t_s Steigzeit	ms^{-2} s
horizontaler Wurf	$x = v_0 t \qquad y = \frac{1}{2} g t^2$ $v_x = v_0 \qquad v_y = gt$	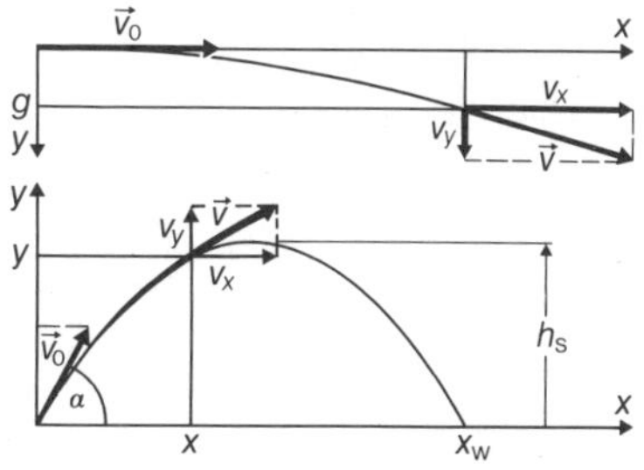	
schiefer Wurf	$v_x = v_0 \cos\alpha$ $v_y = v_0 \sin\alpha - gt$ $x = v_0 t \cos\alpha$ $y = v_0 t \sin\alpha - \frac{1}{2} g t^2$		
Steigzeit t_s (= Fallzeit) Steighöhe h_s Wurfdauer t_w Wurfweite x_w	$t_s = \frac{v_0 \sin\alpha}{g} \qquad h_s = \frac{v_0^2 \sin^2\alpha}{2g}$ $t_w = 2\,t_s \qquad x_w = \frac{v_0^2 \sin 2\alpha}{g}$	α Abwurfwinkel v_0 Anfangsgeschwindigkeit	1°, 1 (rad) ms^{-1}

Kräfte

Grundgleichung der Mechanik	$\vec{F} = m\,\vec{a}$ $F = m\,a$	F beschleunigende Kraft m Masse a Beschleunigung	$N = kg\,ms^{-2}$ kg ms^{-2}
Gewichtskraft F_G	$F_G = m\,g$ ($g = 9{,}81\ ms^{-2}$)	F_G Gewichtskraft m Masse g Fallbeschleunigung	$N = kg\,ms^{-2}$ kg ms^{-2}
Hookesches Gesetz (lineares Kraftgesetz)	$\vec{F_s} = -D\,\vec{s}$ $F_s = D\,s$	F_s Spannkraft D Richtgröße (Federkonstante) s Federauslenkung	N $Nm^{-1} = kgs^{-2}$ m
Zugfestigkeit σ	$\sigma = E \cdot \varepsilon$ $\sigma = \frac{F}{A}$	σ Zugfestigkeit ε rel. Längenänderung $\frac{\Delta l}{l}$ E Elastizitätsmodul A Querschnittsfläche	Nm^{-2} 1 Nm^{-2} m^2
Schiefe Ebene Gewichtskraft F_G Normalkraft F_N Hangabtriebskraft F_H	$F_G = m\,g$ $F_N = F_G \cos\alpha$ $F_H = F_G \sin\alpha$	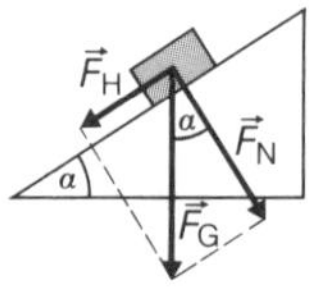	
Reibungskräfte Haftreibungskraft F_h Gleitreibungskraft F_g Rollreibungskraft F_r	$F_h = f_h\,F_N$ $F_g = f_g\,F_N$ $F_r = \frac{f_r}{r}\,F_N$ (f_h, f_g, f_r → Tab. S. 37)	F_h Haftreibungskraft f_h Haftreibungszahl F_N Normalkraft F_g Gleitreibungskraft f_g Gleitreibungszahl F_r Rollreibungskraft f_r Rollreibungszahl r Radius	N 1 N N 1 N m m
Zentripetalkraft F_Z (Zentralkraft)	$F_Z = \frac{m\,v^2}{r}$ $(v = \omega\,r = \frac{2\pi r}{T} = 2\pi r f)$	F_Z Zentripetalkraft m Masse v Bahngeschwindigkeit r Bahnradius ω Winkelgeschwindigkeit T Umlaufdauer f Frequenz	N kg ms^{-1} m s^{-1} s s^{-1}
Gravitationskraft F Gravitationskonstante f	$F = f\,\frac{m_1\,m_2}{r^2}$ $f = 6{,}67 \cdot 10^{-11}\ m^3\,kg^{-1}\,s^{-2}$	F Gravitationskraft f Gravitationskonstante m Masse r Schwerpunktabstand	N $m^3\,kg^{-1}\,s^{-2}$ kg m

Impuls $\vec{p}$	$\vec{p} = m\vec{v}$ $p = m\,v$	p Impuls m Masse v Geschwindigkeit	$kg\,ms^{-1}$ kg ms^{-1}
Dynamisches Gesetz	$\vec{F} = \frac{d\vec{p}}{dt} = \lim_{\Delta t \to 0} \frac{\Delta \vec{p}}{\Delta t}$	F Kraft p Impuls Δp Impulsänderung im Zeitintervall Δt Δt Zeitintervall	$N = kg\,ms^{-2}$ $kg\,ms^{-1}$ $kg\,ms^{-1}$ s
	$\vec{F}_m = \frac{\Delta \vec{p}}{\Delta t}$	F_m mittlere Kraft im Zeitintervall Δt	N
speziell m = konst.	$\vec{F} = m\,\vec{a}$	m Masse a Beschleunigung	kg ms^{-2}
Kraftstoß Zusammenhang: Kraftstoß-Impulsänderung	$\vec{F}_m\,\Delta t$ $\vec{F}_m\,\Delta t = \Delta\vec{p}$	F_m mittlere Kraft im Zeitintervall Δt Δt Zeitintervall Δp Impulsänderung	N s $kg\,ms^{-1}$
Impulserhaltungssatz	In einem abgeschlossenen System gilt: $\vec{p}_1 + \vec{p}_2 + \ldots \vec{p}_n$ = konst.	$\vec{p}_i$ Einzelimpulse	$kg\,ms^{-1}$

Zentrale Stöße

Total unelastisch	$v_1 = v_2 = \frac{m_1 u_1 + m_2 u_2}{m_1 + m_2}$ (Vorzeichen von u_1, u_2 je nach $\vec{u}_1$, $\vec{u}_2$)	v_1, v_2 Geschwindigkeiten nach dem Stoß m_1, m_2 Massen der stoßenden Körper u_1, u_2 Geschwindigkeiten vor dem Stoß	ms^{-1} kg ms^{-1}
Verformungsarbeit ΔW	$\Delta W = \frac{m_1 m_2}{2(m_1 + m_2)}(u_1 \pm u_2)^2$ + wenn $\vec{u}_1 \uparrow\downarrow \vec{u}_2$ − wenn $\vec{u}_1 \uparrow\uparrow \vec{u}_2$	ΔW Verformungsarbeit (irreversibel)	J
Total elastisch	$v_1 = 2\frac{m_1 u_1 + m_2 u_2}{m_1 + m_2} - u_1$ $v_2 = 2\frac{m_1 u_1 + m_2 u_2}{m_1 + m_2} - u_2$	v_1, v_2 Geschwindigkeiten nach dem Stoß m_1, m_2 Massen der stoßenden Körper u_1, u_2 Geschwindigkeiten vor dem Stoß	ms^{-1} kg ms^{-1}

Arbeit, Energie, Leistung

Arbeit

F ist konstant auf geradem Weg	$W = F_s s = F\,s\cos\alpha = \vec{F}\cdot\vec{s}$	W Arbeit F_s Kraftkomponente in Wegrichtung	J N
F ist veränderlich	$W = \int_{s_1}^{s_2} F_s\,\mathrm{d}s$	F Kraft s Weg α Winkel zwischen $\vec{F}$ und $\vec{s}$	$\mathrm{N} = \mathrm{kg\,ms^{-2}}$ m 1°, 1 (rad)

Arbeitsformen, Energieformen

Hubarbeit W	$W = F_G\,h = m\,g\,h$	W Hubarbeit F_G Gewichtskraft h Höhe über Nullniveau g Fallbeschleunigung	$\mathrm{J} = \mathrm{kg\,m^2\,s^{-2}}$ N m $\mathrm{ms^{-2}}$
Beschleunigungsarbeit W	$W = \frac{1}{2}\,m\,v^2$	W Beschleunigungsarbeit m Masse v Geschwindigkeit	J kg $\mathrm{ms^{-1}}$
Spannarbeit W	$W = \frac{1}{2}\,D\,s^2$	Richtgröße (Federkonstante) s Weg	$\mathrm{Nm^{-1}} = \mathrm{kgs^{-2}}$ m
Reibungsarbeit W	$W = F_R\,s$	W Reibungsarbeit F_R Reibungskraft	J N
Potentielle Energie E_p eines gehobenen Körpers (Lageenergie)	$E_p = F_G\,h = m\,g\,h$	E_p potentielle Energie F_G Gewichtskraft h Höhe über Nullniveau m Masse g Fallbeschleunigung	J $\mathrm{N} = \mathrm{kg\,ms^{-2}}$ m kg $\mathrm{ms^{-2}}$
Potentielle Energie E_p einer gespannten Feder (Spannenergie)	$E_p = \frac{1}{2}\,D\,s^2$	D Richtgröße s Weg	$\mathrm{Nm^{-1}} = \mathrm{kgs^{-2}}$ m
Kinetische Energie E_k	$E_k = \frac{1}{2}\,m\,v^2$	E_k kinetische Energie v Geschwindigkeit	J $\mathrm{ms^{-1}}$
Energieerhaltungssatz der Mechanik im abgeschlossenen System ohne Reibung	$E_k + E_p = \text{konstant}$	E_k kinetische Energie E_p potentielle Energie	J J

Leistung

Durchschnittsleistung $\overline{P}$	$\overline{P} = \frac{\Delta W}{\Delta t}$	$\overline{P}$ Durchschnittsleistung ΔW Arbeit während Δt	$\mathrm{W} = \mathrm{Js^{-1}}$ J
wenn $W \sim t$	$\overline{P} = \frac{W}{t} = P$	Δt Zeitintervall	s
Momentanleistung P	$P = \frac{\mathrm{d}W}{\mathrm{d}t} = \lim\limits_{\Delta t \to 0} \frac{\Delta W}{\Delta t}$	P Momentanleistung	$\mathrm{W} = \mathrm{Js^{-1}}$
wenn $\vec{F}$ = konstant	$P = F_s\,v = \vec{F}\cdot\vec{v}$	F_s Kraftkomponente in Wegrichtung	N
Wirkungsgrad η	$\eta = \frac{W_{ab}}{W_{zu}}$	η Wirkungsgrad W_{ab} abgegebene Arbeit W_{zu} zugeführte Arbeit	1 J J

Gravitationskraft F	$F = f\,\dfrac{m_1\,m_2}{r^2}$ $f = 6{,}67 \cdot 10^{-11}\ m^3\ kg^{-1}\ s^{-2}$	F Gravitationskraft f Gravitationskonstante m Masse r Schwerpunktabstand	N $m^3\,kg^{-1}\,s^{-2}$ kg m
Keplersche Gesetze	1. Die Planetenbahnen sind Ellipsen, in deren einem Brennpunkt die Sonne steht. 2. Der von einem Planeten zur Sonne gezogene Fahrstrahl überstreicht in gleichen Zeiten gleiche Flächen. 3. Die Quadrate der Umlaufzeiten verschiedener Planeten verhalten sich wie die 3. Potenzen der großen Halbachsen ihrer Bahnen. $\dfrac{T_1^2}{T_2^2} = \dfrac{a_1^3}{a_2^3}$	T Umlaufzeit a Große Halbachse	s m
Überführungsarbeit W im Gravitationsfeld von r_1 nach r_2 Überführungsarbeit W_∞ vom Unendlichen nach r	$W = f\,m\,M\left(\dfrac{1}{r_1} - \dfrac{1}{r_2}\right)$ $W_\infty = -f\,\dfrac{m\,M}{r}$	W Arbeit um m von r_1 nach r_2 zu bringen. f Gravitationskonstante m transportierte Masse M felderzeugende Masse r Schwerpunktabstand W_∞ Überführungsarbeit	J $m^3\,kg^{-1}\,s^{-2}$ kg kg m J
Gravitationspotential V Überführungsarbeit W im Potentialfeld	$V = -f\,\dfrac{M}{r} = \dfrac{W_\infty}{m}$ $W = m\,(V_2 - V_1)$	V Potential eines Körpers der Masse M im Abstand r vom Schwerpunkt V_1 Potential im Anfangspunkt V_2 Potential im Endpunkt	$J\,kg^{-1}$ $J\,kg^{-1} = m^2\,s^{-2}$ $J\,kg^{-1} = m^2\,s^{-2}$

Dreh- und Kreisbewegungen

Grundgrößen

Drehwinkel φ	$\varphi = \frac{s}{r}$	φ	Drehwinkel	1°, 1 (rad)
		s	Bogen	m
		r	Radius	m
		ω	Winkelgeschwindigkeit	s^{-1}
Winkelgeschwindigkeit ω	$\omega = \lim\limits_{\Delta t \to 0} \frac{\Delta\varphi}{\Delta t} = \frac{d\varphi}{dt}$	$\Delta\varphi$	Änderung von φ während Δt	1 (rad)
		Δt	Zeitintervall	s
		α	Winkelbeschleunigung	s^{-2}
Winkelbeschleunigung α	$\alpha = \lim\limits_{\Delta t \to 0} \frac{\Delta\omega}{\Delta t} = \frac{d\omega}{dt} = \frac{d^2\varphi}{dt^2}$	ω	Winkelgeschwindigkeit	s^{-1}
		t	Zeit	s

Drehbewegung mit konstanter Winkelgeschwindigkeit

Drehwinkel φ	$\varphi = \omega \cdot t = \frac{s}{r}$	φ	Drehwinkel	1 (rad)
		ω	Winkelgeschwindigkeit	s^{-1}
		t	Zeit	s
		s	Bogen	m
Winkelgeschwindigkeit ω	$\omega = \frac{\Delta\varphi}{\Delta t} = \frac{\varphi}{t} =$	r	Radius	m
	$\omega = \frac{2\pi}{T} = 2\pi f = \frac{v}{r}$	ω	Winkelgeschwindigkeit	s^{-1}
		T	Umlaufdauer	s
		f	Frequenz	s^{-1}
		v	Bahngeschwindigkeit	ms^{-1}
		r	Bahnradius	m
Frequenz f	$f = \frac{1}{T} = \frac{n}{t}$	f	Frequenz	s^{-1}
		T	Umlaufdauer	s
		n	Anzahl der Umdrehungen in der Zeit t	1

Rotation eines Massenpunktes

Zentripetalbeschleunigung a_z	$a_z = \frac{v^2}{r} = \omega^2 r = \frac{4\pi^2}{T^2} r = 4\pi^2 f^2 r$	a_z	Zentripetalbeschleunigung	ms^{-2}
		v	Bahngeschwindigkeit	ms^{-1}
		r	Bahnradius	m
		T	Umlaufdauer	s
Zentripetalkraft F_z	$F_z = \frac{m v^2}{r}$	f	Frequenz	s^{-1}
		F_z	Zentripetalkraft	$N = kg\,ms^{-2}$
		m	Masse	kg

Drehbewegung mit konstanter Winkelbeschleunigung

Drehwinkel φ	$\varphi = \omega_0 t + \frac{1}{2}\alpha t^2 = \frac{s}{r}$	φ	Drehwinkel	1 (rad)
		ω_0	Winkelgeschwindigkeit zur Zeit $t = 0$	s^{-1}
Winkelgeschwindigkeit ω	$\omega = \omega_0 + \alpha t = \frac{v}{r}$	α	Winkelbeschleunigung	s^{-2}
		t	Zeit	s
Winkelbeschleunigung α	$\alpha = \text{konstant} = \frac{a}{r}$	α	Winkelbeschleunigung	s^{-2}
		a	Beschleunigung	ms^{-2}

Drehmoment M	$\vec{M} = \vec{r} \times \vec{F}$ $M = F\,r \sin\alpha = F\,l$ 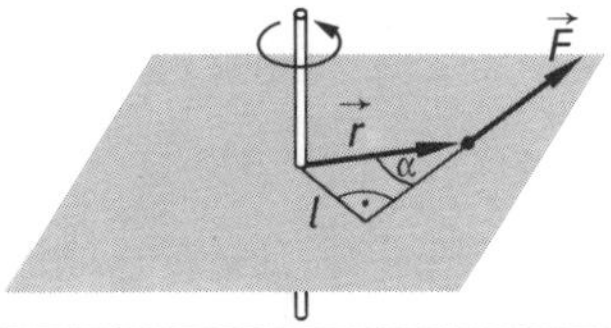	M Drehmoment F wirkende Kraft r Ortsvektor zum Angriffspunkt von $\vec{F}$ α Winkel zwischen $\vec{F}$ und $\vec{r}$ l Abstand Drehachse – Wirkungslinie von $\vec{F}$	Nm N m m
Trägheitsmoment J eines punktförmigen Körpers Trägheitsmoment J eines beliebigen Körpers	$J = m\,r^2$ $J = \sum m_i\,r_i^2 = \int r^2\,\mathrm{d}m$ $J \rightarrow$ Tabelle S. 37	J Trägheitsmoment m Masse r Abstand von der Drehachse r_i Abstand Massenelement – Drehachse m_i Masse eines Massenelements	$\mathrm{kg\,m^2}$ kg m m kg

Arbeit, Energie und Leistung bei Drehbewegungen

Arbeit W (bei konstantem Drehmoment) Rotationsenergie E_{rot} Leistung P (M = konst.)	$W_{\mathrm{rot}} = M\,\varphi$ $E_{\mathrm{rot}} = \frac{1}{2} J\,\omega^2$ $P = M\,\omega$	W_{rot} Arbeit M Drehmoment φ Drehwinkel E_{rot} Rotationsenergie J Trägheitsmoment ω Winkelgeschwindigkeit P Leistung	$\mathrm{J = kg\,m^2\,s^{-2}}$ Nm 1°, 1 (rad) J $\mathrm{kg\,m^2}$ $\mathrm{s^{-1}}$ $\mathrm{W = J s^{-1}}$
Grundgleichung der Rotation Drehimpuls L	$\vec{M} = J\,\vec{\alpha}$ $\vec{L} = J\,\vec{\omega}$ $L = J\,\omega$	M Drehmoment J Trägheitsmoment α Winkelbeschleunigung L Drehimpuls ω Winkelgeschwindigkeit	Nm $\mathrm{kg\,m^2}$ $\mathrm{s^{-2}}$ $\mathrm{kg\,m^2\,s^{-1}}$ $\mathrm{s^{-1}}$
Drehimpulserhaltungssatz	In einem abgeschlossenen System gilt: $\vec{L}_1 + \vec{L}_2 + \ldots + \vec{L}_n$ = konst.	L_i Einzeldrehimpulse	$\mathrm{kg\,m^2\,s^{-1}}$

Trägheitskräfte bei der Rotation

Zentrifugalkraft F_Z	$F_Z = \frac{m\,v^2}{r} = m\,\omega^2\,r$	F_Z Zentrifugalkraft m Masse v Geschwindigkeit r Radius ω Winkelgeschwindigkeit	$\mathrm{N = kg\,m s^{-2}}$ kg $\mathrm{m s^{-1}}$ m $\mathrm{s^{-1}}$
Corioliskraft F_C	$F_C = 2\,m\,v\,\omega$	F_C Corioliskraft v Radialgeschwindigkeit des Körpers ω Winkelgeschwindigkeit des rotierenden Systems	$\mathrm{N = kg\,m s^{-2}}$ $\mathrm{m s^{-1}}$ $\mathrm{s^{-1}}$

W

Thermische Zustandsänderungen

Umrechnung Celsius-Temperatur thermodynamische Temperatur	$T = \left(\frac{\vartheta}{°C} + 273{,}15\right)$ K $\vartheta = \left(\frac{T}{K} - 273{,}15\right)$ °C $\Delta T = T_2 - T_1 = \vartheta_2 - \vartheta_1 = \Delta\vartheta$	T thermodynamische Temperatur Temperatur in °C	K °C
Längenänderung fester Körper Näherungsformel	$l_\vartheta = l_o(1 + \alpha\,\vartheta)$ $l_2 = l_1(1 + \alpha\,\Delta\vartheta)$ $\Delta\vartheta = \vartheta_2 - \vartheta_1$ α → Tabelle S. 36	l_ϑ Länge bei der Temperatur ϑ l_o Länge bei 0 °C α Längenausdehnungskoeffizient l_2 Länge bei ϑ_2 l_1 Länge bei ϑ_1	m m $°C^{-1}$ m m
Volumenänderung fester, flüssiger und gasförmiger Stoffe bei festen Stoffen bei idealen Gasen (p = konst.)	$V = V_o(1 + \gamma\,\vartheta)$ γ → Tabelle S. 36 $\gamma = 3\,\alpha$ $\gamma = \frac{1}{273{,}13}\ K^{-1} = 0{,}00366\ K^{-1}$	V Volumen bei ϑ V_o Volumen bei 0 °C γ Volumenausdehnungskoeffizient α Längenausdehnungskoeffizient	m^3 m^3 $°C^{-1}$ $°C^{-1}$
Gasgesetze (ideales Gas)			
Volumenänderung (Gay-Lussac) Druckänderung (Amonton) Boyle-Mariotte	$V = V_o(1 + \frac{1}{273{,}15\ °C}\,\vartheta)$ (p = const.) $p = p_o(1 + \frac{1}{273{,}15\ °C}\,\vartheta)$ (V = const.) $p\,V$ = const. (ϑ = const.)	V Volumen bei ϑ V_o Volumen bei 0 °C ϑ Temperatur p Druck bei ϑ p_o Druck 0 °C	m^3 m^3 °C Pa Pa
Satz von Avogadro	Gleiche Volumina enthalten bei gleichem Druck und bei der gleichen Temperatur die gleiche Anzahl von Molekülen (Atome).		

Allgemeine Gasgleichung	$\frac{pV}{T} = \text{const.}$	p Druck	$\text{Pa} = \text{Nm}^{-2}$ $= \text{kg m}^{-1}\text{s}^{-2}$
		V Volumen	m^3
Boyle-Mariotte	$pV = \text{const.}\ (T = \text{const.})$	T Temperatur	K
Gay-Lussac	$\frac{V}{T} = \text{const.}\ (p = \text{const.})$		
Amonton	$\frac{p}{T} = \text{const.}\ (V = \text{const.})$		
Universelle Gasgleichung	$pV = \nu RT$	ν Stoffmenge	mol
	$R = 8{,}314\ \text{J K}^{-1}\text{mol}^{-1}$	R allgemeine Gaskonstante	$\text{J K}^{-1}\text{mol}^{-1}$
		N Teilchenzahl	1
	$\nu = \frac{N}{N_A} = \frac{m}{M_m}$	N_A Avogadrokonstante	mol^{-1}
		m Masse	kg
		M_m molare Masse	kg mol^{-1}
Adiabatische Zustandsänderungen ($\Delta Q = 0$) Poisson-Gesetze	$pV^\varkappa = \text{const.}$		
	$TV^{\varkappa-1} = \text{const.}$	$\varkappa$ Adiabatenexponent	1
	$\frac{T^\varkappa}{p^{\varkappa-1}} = \text{const.}$	c_p spezifische Wärmekapazität bei konstantem Druck	$\text{J kg}^{-1}\text{K}^{-1}$
	$\varkappa = \frac{c_p}{c_V}$	c_V spezifische Wärmekapazität bei konstantem Volumen	$\text{J kg}^{-1}\text{K}^{-1}$
	$\varkappa$ → Tabelle S. 36		

Hauptsätze der Wärmelehre

Erster Hauptsatz der Wärmelehre	$Q = \Delta U + p\Delta V$	Q zugeführte Wärme	J
		ΔU Zunahme der inneren Energie	J
		$p\Delta V$ vom System verrichtete Arbeit	J
Zweiter Hauptsatz	Es ist unmöglich eine periodisch arbeitende Maschine zu konstruieren, die durch Abkühlung eines Wärmebehälters Wärme restlos in mechanische Arbeit verwandelt.		
Thermodynamischer Wirkungsgrad η (Maximaler Wirkungsgrad bei reversiblen Kreisprozessen)	$\eta = \frac{Q_1 - Q_2}{Q_1} = \frac{T_1 - T_2}{T_1}$	η Wirkungsgrad	1
		Q_1 zugeführte Wärme mit der Temperatur T_1	J
	$\eta = \frac{\lvert W \rvert}{Q_1}$	Q_2 abgeführte Wärme mit der Temperatur T_2	J
		W gewonnene mechanische Arbeit	J

Kinetische Gastheorie

Grundgleichung der kinetischen Gastheorie	$p\,V = \frac{1}{3} N\, m_i\, \overline{v^2}$	p Druck V Volumen N Teilchenzahl m_i Masse eines Teilchens $\overline{v^2}$ mittleres Geschwindigkeitsquadrat	$\mathrm{Pa} = \mathrm{N m^{-2}}$ $\mathrm{m^3}$ 1 kg $\mathrm{m^2\, s^{-2}}$
kinetische Energie E_k eines idealen Gases Innere Energie U eines idealen Gases	$E_k = \frac{3}{2} \nu R T = \frac{3}{2} pV$ für $f = 3$ $U = f \frac{1}{2} \nu R T = \frac{f}{2}\, pV$	E_k kinetische Energie ν Stoffmenge R Gaskonstante T Temperatur U innere Energie f Freiheitsgrad	J mol $\mathrm{J\,K^{-1}\,mol^{-1}}$ K J 1
mittlere kinetische Energie E_k eines Teilchens in einem idealen Gas (3 Freiheitsgrade) Boltzmannkonstante k	$E_k = \frac{3}{2} k T$ $k = \frac{R}{N_A} = 1{,}38 \cdot 10^{-23}\ \frac{\mathrm{J}}{\mathrm{K}}$	E_k kinetische Energie k Boltzmannkonstante T Temperatur R Gaskonstante N_A Avogadrokonstante	J $\mathrm{J\,K^{-1}}$ K $\mathrm{J\,K^{-1}\,mol^{-1}}$ $\mathrm{mol^{-1}}$
Mittlere Geschwindigkeit v eines Teilchens	$v \approx \sqrt{\frac{3\,p}{\varrho}} = \sqrt{\frac{3\,RT}{M_m}}$	p Druck ϱ Dichte des Gases M_m molare Masse eines Gases	Pa $\mathrm{kg\,m^{-3}}$ $\mathrm{kg\,mol^{-1}}$
Molare und atomare Größen			
Avogadrokonstante N_A (molare Teilchenzahl)	$N_A = \frac{N}{\nu} = 6{,}022 \cdot 10^{23}\ \mathrm{mol^{-1}}$	N Teilchenzahl ν Stoffmenge	1 mol
Molares Volumen V_m (Molvolumen) Molares Volumen bei Normalbedingungen ($p_o = 1{,}013 \cdot 10^5$ Pa $T_o = 273{,}15$ K)	$V_m = \frac{V}{\nu}$ $V_{mo} = 22{,}4\ \mathrm{dm^{-3}\,mol^{-1}}$	V_m molares Volumen V Gasvolumen ν Stoffmenge	$\mathrm{m^3\,mol^{-1}}$ $\mathrm{m^3}$ mol
Molare Masse M_m (Molmasse)	$M_m = \frac{m}{\nu} = m_r \frac{\mathrm{kg}}{\mathrm{k\,mol}}$	M_m molare Masse m Masse ν Stoffmenge m_r relative Teilchenmasse	$\mathrm{kg\,mol^{-1}}$ kg mol 1
Atomare Masseneinheit relative Teilchenmasse m_r (rel. Atom (Molekül)-masse)	$1\,\mathrm{u} = \frac{1}{12} m\,(^{12}\mathrm{C})$ $1\,\mathrm{u} = 1{,}6605655 \cdot 10^{-27}$ kg $m_r = \frac{m_i}{1\,\mathrm{u}}$ m_r → Periodensystem S.42	u Atomare Masseneinheit $m\,(^{12}\mathrm{C})$ Masse eines Atoms vom Kohlenstoffisotop ^{12}C m_r relative Teilchenmasse m_i Teilchenmasse	kg kg 1 kg

Wärmekapazität C	$C = \frac{\Delta Q}{\Delta T}$	C Wärmekapazität ΔQ zugeführte Wärmemenge ΔT Temperaturänderung	$\mathrm{J\,K^{-1}}$ J K
Spezifische Wärmekapazität c	$c = \frac{\Delta Q}{m \Delta T}$ → Tabelle S. 36	c spezifische Wärmekapazität m Masse	$\mathrm{J\,kg^{-1}\,K^{-1}}$ kg
Molare Wärmekapazität C_m	$C_m = \frac{\Delta Q}{\nu \Delta T}$	C_m molare Wärmekapazität ν Stoffmenge	$\mathrm{J\,mol^{-1}\,K^{-1}}$ mol
Zusammenhang zwischen den Wärmekapazitäten	$C = c\,m = C_m\,\nu = c\,M_m \nu$	M_m molare Masse	$\mathrm{kg\,mol^{-1}}$
Molare Wärmekapazitäten von idealen Gasen	$C_{Vm} = \frac{f}{2} R$ $C_{pm} = \frac{f+2}{2} R$ $C_{pm} - C_{Vm} = R$	f Freiheitsgrad C_{Vm} molare Wärmekapazität bei konstantem Volumen C_{pm} molare Wärmekapazität bei konstantem Druck R allgemeine Gaskonstante	1 $\mathrm{J\,mol^{-1}\,K^{-1}}$ $\mathrm{J\,mol^{-1}\,K^{-1}}$ $\mathrm{J\,mol^{-1}\,K^{-1}}$
Freiheitsgrade f	$f = 3$ einatomige Moleküle $f = 5$ zweiatomige Moleküle $f = 6$ drei- und mehratomige Moleküle	f Freiheitsgrad	1
Wärmeenergie Q (Wärmemenge) Mischungstemperatur ϑ_M	$\Delta Q = c\,m\,\Delta\vartheta$ $\vartheta_M = \frac{c_1 m_1 \vartheta_1 + c_2 m_2 \vartheta_2}{c_1 m_1 + c_2 m_2}$	Q Wärmeenergie c spezifische Wärmekapazität m Masse ϑ Temperatur	J $\mathrm{J\,kg^{-1}\,K^{-1}}$ kg °C
Spezifische Schmelzwärme s (Erstarrungswärme) Spezifische Verdampfungswärme r (Kondensationswärme)	$s = \frac{Q_s}{m}$ s → Tabelle S. 36 $r = \frac{Q_r}{m}$ r → Tabelle S. 36	s spezifische Schmelzwärme Q_s zugeführte Wärmemenge um die Masse m zu schmelzen m Masse r spezifische Verdampfungswärme Q_r zugeführte Wärmemenge, um die Masse m zu verdampfen	$\mathrm{J\,kg^{-1}}$ J kg $\mathrm{J\,kg^{-1}}$ J

Gleichstrom

Stromstärke I (allgemein)	$I = \lim\limits_{\Delta t \to 0} \frac{\Delta Q}{\Delta t} = \frac{\mathrm{d}Q}{\mathrm{d}t}$	ΔQ während des Zeitintervalls Δt geflossene Ladung	C
Stromstärke I (Gleichstrom)	$I = \frac{Q}{t}$	Δt Zeitintervall	s
Spannung U	$U = \frac{W}{Q}$	U Spannung W elektrische Arbeit Q transportierte Ladung	$\mathrm{V} = \mathrm{J\,C^{-1}}$ J C = As
Elektrische Arbeit W	$W = Q \cdot U = U \cdot I \cdot t$	t Zeit	s
Elektrische Leistung P	$P = U \cdot I = \frac{W}{t}$ $P = \frac{U^2}{R} = I^2 R$	W elektrische Arbeit P Leistung R elektrischer Widerstand	J = Ws $\mathrm{W} = \mathrm{Js^{-1}}$ $\Omega = \mathrm{VA^{-1}}$

Elektrischer Widerstand

Ohmsches Gesetz	$\frac{U}{I} = \text{const.}$	U Spannung I Strom	V A
elektrischer Widerstand R	$R = \frac{U}{I}$	R Widerstand	$\Omega = \mathrm{VA^{-1}}$
Widerstand R eines Drahtes	$R = \varrho \frac{l}{A}$ ϱ → Tabelle S. 39	ϱ spezifischer (elektr.) Widerstand l Länge des Drahtes A Querschnitt des Drahtes	Ωm m $\mathrm{m^2}$
Reihenschaltung von Widerständen	$R = R_1 + R_2 + \ldots.. R_n$ $U = U_1 + U_2 + \ldots.. U_n$ $I = I_1 = I_2 = \ldots. = I_n$	R Gesamtwiderstand 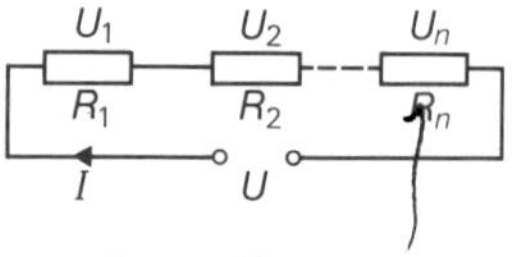 	$\Omega = \mathrm{VA^{-1}}$
Parallelschaltung von Widerständen	$\frac{1}{R} = \frac{1}{R_1} + \frac{1}{R_2} + \ldots + \frac{1}{R_n}$ $U = U_1 = U_2 = \ldots U_n$ $I = I_1 + I_2 + \ldots + I_n$	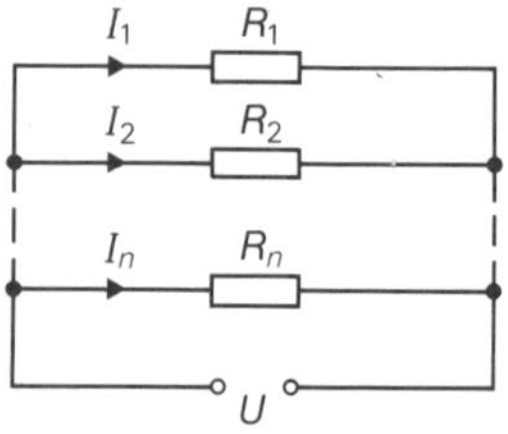 	
Klemmenspannung U_K und Quellenspannung U_Q	$U_K = U_Q - R_i I$	U_K Klemmenspannung U_Q Quellenspannung R_i Innenwiderstand I Stromstärke	V V $\Omega = \mathrm{VA^{-1}}$ A

Faradaysche Gesetze

1. Faradaysches Gesetz	$m = \ddot{A}\,Q = \ddot{A}\,I\,t$	m in der Zeit t abgeschiedene Masse	kg
		$\ddot{A}$ elektrochemisches Äquivalent	$kg\ C^{-1}$
		Q transportierte Ladung	C = As
2. Faradaysches Gesetz	$\ddot{A} = \frac{m}{F\,z\,\nu} = \frac{M_m}{F\,z}$	I Stromstärke	A
		t Zeit	s
		F Faraday-Konstante	$C\ mol^{-1}$
		z Wertigkeit	1
Faraday-Konstante F	$F = e\,N_A$	ν abgeschiedene Stoffmenge	mol
		M_m molare Masse	$kg\ mol^{-1}$
		e Elementarladung	C = As
	$F = 9{,}6485 \cdot 10^4\ C\ mol^{-1}$	N_A Avogadro-Konstante	mol^{-1}

Hall-Effekt

Hall-Spannung U_H	$U_H = R_H \frac{I\,B}{d}$	U_H Hall-Spannung	V
		R_H Hall-Konstante	$m^3\ C^{-1}$
		I Stromstärke	A
		B Flußdichte	$T = Vs\ m^{-2}$
Hall-Konstante R_H (für Stoffe mit Elektronenleitung)	$R_H = \frac{1}{n\,e}$	d Dicke der Platte	m
		n Konzentration der Ladungsträger	m^{-3}
	$n = \frac{N}{V}$	e Elementarladung	C = As
		N Anzahl der Ladungsträger	1
		V Volumen	m^3

Elektrisches Feld

Elektrische Feldstärke E	$\vec{E} = \frac{\vec{F}}{q}$ $\quad E = \frac{F}{q}$	E elektrische Feldstärke F Kraft auf Probeladung q Probeladung	$Vm^{-1} = NC^{-1}$ N C = As
Elektrische Spannung U	$U = \frac{W}{q} = \varphi_2 - \varphi_1$	U Spannung W Überführungsarbeit q transportierte Ladung φ_1 (φ_2) Potential im Punkt P_1 (P_2)	V J C = As V
Elektrische Spannung U im homogenen Feld	$U = E\,d$	d Weg	m
Elektrisches Potential φ	$\varphi = \frac{W}{q} = \int_A^P \vec{E}\,d\vec{s}$	φ Potential in einem Punkt P bezüglich einem Bezugspunkt A W Arbeit um q von A nach P zu transportieren	V J

Punktförmige Ladungen

Coulomb-Gesetz	$F = \frac{1}{4\pi\varepsilon_0\varepsilon_r} \cdot \frac{Q_1 Q_2}{r^2}$ $\varepsilon_0 = 8.8542 \cdot 10^{-12} \frac{As}{Vm}$ $\varepsilon_r \rightarrow$ Tabelle S. 39	F Kraft zwischen den Punktkladungen Q_1 und Q_2 r Abstand der Punktladungen ε_0 elektr. Feldkonstante ε_r Dielektrizitätszahl (Permittivitätszahl)	N m $As\,V^{-1}\,m^{-1}$ 1
Elektrische Feldstärke E	$E = \frac{1}{4\pi\varepsilon_0\varepsilon_r} \frac{Q}{r^2}$	E Feldstärke im Abstand r von Q	Vm^{-1}
Elektrisches Potential φ einer Punktladung	$\varphi = \frac{1}{4\pi\varepsilon_0\varepsilon_r} \frac{Q}{r}$	φ Potential im Abstand r von der Punktladung	V
Elektrische Flußdichte oder elektrische Verschiebung D	$\vec{D} = \varepsilon_0\varepsilon_r\vec{E}$ $\quad D = \varepsilon_0\varepsilon_r E$	D elektrische Flußdichte	$C\,m^{-2}$
Elektrische Flächenladungsdichte D	$D = \frac{\Delta Q}{\Delta A}$	ΔQ auf dem Flächenelement ΔA verteilte Ladung ΔA Flächenelement	C = As m^2
Energiedichte w_e des elektrischen Feldes	$w_e = \frac{1}{2} E D = \frac{W_e}{V}$	w_e Energiedichte W_e im elektrischen Feld gespeicherte Energie V Volumen des vom Feld eingenommenen Raumes	$J\,m^{-3}$ J m^3

Kapazität C	$C = \frac{Q}{U}$	C Kapazität Q Ladung U Spannung	$F = CV^{-1}$ $C = As$ V
Kapazität C eines Plattenkondensators	$C = \varepsilon_0 \varepsilon_r \frac{A}{d}$ $\varepsilon_0 = 8.8542 \cdot 10^{-12} \frac{As}{Vm}$ ε_r → Tabelle S. 39	ε_0 elektrische Feldkonstante ε_r Dielektrizitätszahl A Fläche einer Platte d Plattenabstand	$AsV^{-1}m^{-1} = Fm^{-1}$ 1 m^2 m
Elektrische Feldstärke E in einem Plattenkondensator	$E = \frac{U}{d}$	E elektrische Feldstärke	$Vm^{-1} = NC^{-1}$
Energie W eines geladenen Kondensators	$W = \frac{1}{2} C U^2 = \frac{1}{2} Q U = \frac{1}{2} \frac{Q^2}{C}$	W Energie C Kapazität U Spannung Q Ladung	$J = kg\,m^2\,s^{-2}$ $F = CV^{-1}$ V $C = As$
Anziehungskraft F der Kondensatorplatten	$F = \frac{1}{2} \varepsilon_0 \varepsilon_r E^2 A = \frac{1}{2} Q E$	E elektrische Feldstärke A Fläche einer Platte Q Kondensatorladung	$Vm^{-1} = NC^{-1}$ m^2 $C = As$
Parallelschaltung von Kondensatoren	$C = C_1 + C_2 + \ldots + C_n$	C Gesamtkapazität	$C = As$
Reihenschaltung von Kondensatoren	$\frac{1}{C} = \frac{1}{C_1} + \frac{1}{C_2} + \ldots + \frac{1}{C_n}$	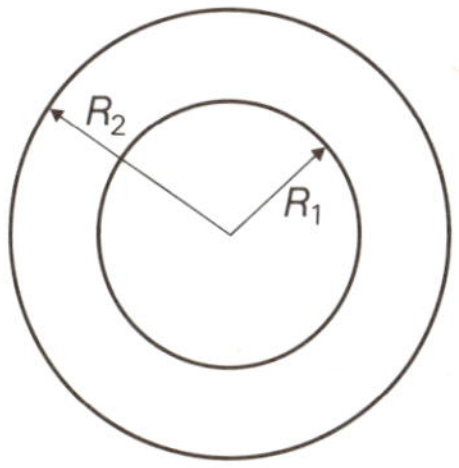	
Kapazität C eines Kugelkondensators	$C = 4\pi \varepsilon_0 \varepsilon_r \frac{R_1 R_2}{R_2 - R_1}$		
Kapazität C einer freistehenden Kugel	$C = 4\pi \varepsilon_0 \varepsilon_r \cdot R$	R Radius	m
Aufladung eines Kondensators	$U(t) = U_m (1 - e^{-\frac{t}{RC}})$ $U(\infty) = U_m$	$U(t)$ ($U(0)$) Spannung am Kondensator zur Zeit t ($t = 0$) U_m Maximalspannung R ohmscher Widerstand C Kapazität des Kondensators	V V $\Omega = VA^{-1}$ $F = CV^{-1}$
Entladung eines Kondensators	$U(t) = U_m \; e^{-\frac{t}{RC}}$ $U(0) = U_m$		

Magnetfeld

Magnetische Feldstärke H (im Innern einer langen stromdurchflossenen Spule)	$H = I\frac{n}{l}$	H magnetische Feldstärke I Stromstärke n Anzahl der Windungen (Windungszahl) l Spulenlänge	$\mathrm{Am^{-1}}$ A 1 m
Magnetische Flußdichte B (magnetische Induktion)	$\vec{B} = \mu_r \mu_o \vec{H}$ $B = \mu_r \mu_o H$ $\mu_o = 1.2566 \cdot 10^{-6}\ \frac{\mathrm{Vs}}{\mathrm{Am}}$ μ_r → Tabelle S. 39	B magnetische Flußdichte μ_o magnetische Feldkonstante μ_r Permeabilitätszahl	$\mathrm{T = Vsm^{-2}}$ $\mathrm{VsA^{-1}\,m^{-1} =}$ $\mathrm{= Hm^{-1}}$ 1

Kräfte im Magnetfeld

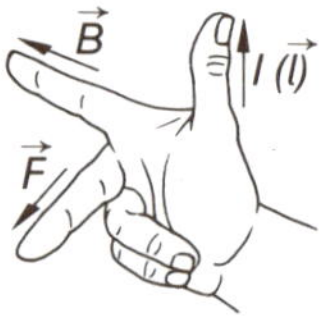

Kraft auf einen stromdurchflossenen geraden Leiter im Magnetfeld	$\vec{F} = I(\vec{l} \times \vec{B})$ $F = I\,l\,B \sin\varphi$ $F = I\,l\,B$ $B_s = B \sin\varphi$	F Kraft l Länge des Leiters im Magnetfeld φ Winkel zwischen $\vec{l}$ und $\vec{B}$ B_s Komponente von $\vec{B}$ senkrecht zum Leiter	$\mathrm{N = kg\,ms^{-2}}$ m 1° T
Kraft F_L auf eine bewegte Ladung im Magnetfeld (Lorentzkraft)	$\vec{F}_L = q(\vec{v} \times \vec{B})$ $F_L = q\,v\,B \sin\varphi$ $F_L = q\,v_s\,B \qquad v_s = v \sin\varphi$	F_L Lorentzkraft q Ladung v Geschwindigkeit v_s Komponente von v senkrecht zu B φ Winkel zwischen v und B	$\mathrm{N = kg\,ms^{-2}}$ C = As $\mathrm{ms^{-1}}$ $\mathrm{ms^{-1}}$ 1

Magnetfelder stromdurchflossener Leiter

Im Innern einer langen Spule In der Umgebung eines geraden Leiters Im Mittelpunkt eines kreisförmigen Leiters	$B = \mu_r \mu_o I\frac{n}{l} \qquad H = I\frac{n}{l}$ $B = \mu_r \mu_o \frac{I}{2\pi r} \qquad H = \frac{I}{2\pi r}$ $B = \mu_r \mu_o \frac{I}{2R} \qquad H = \frac{I}{2R}$	B magn. Flußdichte μ_r Permeabilitätszahl μ_o magn. Feldkonstante I Stromstärke n Anzahl der Windungen l Spulenlänge H magnetische Feldstärke r Abstand von der Leiterachse R Radius des kreisförmigen Leiters	$\mathrm{T = Vs\,m^{-2}}$ 1 $\mathrm{VsA^{-1}\,m^{-1}}$ A 1 m $\mathrm{Am^{-1}}$ m m
Energiedichte w_m des magnetischen Feldes	$w_m = \frac{1}{2} B H = \frac{W_m}{V}$	w_m Energiedichte W_m im Magnetfeld gespeicherte Energie V Volumen des vom Feld eingenommenen Raumes	$\mathrm{Jm^{-3}}$ J $\mathrm{m^3}$

Magnetischer Fluß Φ (durch eine ebene Fläche)	$\Phi = B\,A_s$ $\quad A_s = A\cos\varphi$ $\Phi = \vec{B}\cdot\vec{A}$	Φ magnetischer Fluß B magnetische Flußdichte A vom Fluß Φ durchsetzte Fläche φ Winkel zwischen $\vec{A}$ und $\vec{B}$ $\vec{A}$ zur Fläche senkrechter Vektor mit Betrag A	$\mathrm{Wb} = \mathrm{Vs}$ $\mathrm{T} = \mathrm{Vs\,m^{-2}}$ $= \mathrm{Wb\,m^{-2}}$ $\mathrm{m^2}$ $1°$, 1 (rad) $\mathrm{m^2}$
Induktionsgesetz Induktionsspannung U_{ind} Momentane Spannung U_{ind} Induktionsspannung U_{ind} in einem im homogenen Magnetfeld bewegten geraden Leiter wenn $\vec{v}\perp\vec{B}$	 $U_{ind} = -n\,\frac{\Delta\Phi}{\Delta t}$ $U_{ind} = -n\,\frac{d\Phi}{dt}$ $U_{ind} = B\,l\,v\sin\varphi$ $U_{ind} = B\,l\,v$	U_{ind} induzierte Spannung n Anzahl der Windungen $\Delta\Phi$ Änderung des Flußes im Zeitintervall Δt t Zeit l Länge des Leiters φ Winkel zwischen $\vec{v}$ und $\vec{B}$ v Geschwindigkeit	V 1 $\mathrm{Wb} = \mathrm{Vs}$ m $1°$ $\mathrm{ms^{-1}}$
Selbstinduktion			
Induzierte Spannung U_{ind}	$U_{ind} = -n\,\frac{\Delta\Phi}{\Delta t} = -L\,\frac{\Delta I}{\Delta t}$	U_{ind} induzierte Spannung $\Delta\Phi$ Änderung des Flusses im Zeitintervall Δt L Induktivität t Zeit	 $\mathrm{Wb} = \mathrm{Vs}$ $\mathrm{H} = \mathrm{VsA^{-1}}$ s
Induktivität L einer langen Spule	$L = \mu_o\mu_r\,\frac{n^2}{l}\,A$	μ_o magnetische Feldkonstante μ_r Permeabilitätszahl n Anzahl der Windungen l Länge der Spule A Querschnitt der Spule	$\mathrm{VsA^{-1}\,m^{-1}}$ 1 1 m $\mathrm{m^2}$
Energie W_m des magnetischen Feldes einer Spule	$W_m = \frac{1}{2}L\,I^2$	W_m Energie I Stromstärke	J A
Reihenschaltung von Induktivitäten	$L = L_1 + L_2 + \ldots + L_n$	L Gesamtinduktivität	$\mathrm{H} = \mathrm{VsA^{-1}}$
Parallelschaltung von Induktivitäten	$\frac{1}{L} = \frac{1}{L_1} + \frac{1}{L_2} + \ldots + \frac{1}{L_n}$		

Wechselstrom

Momentanwert der Spannung U	$U = U_m \cdot \sin \omega t$	U Momentanwert der Spannung	V
		U_m Scheitelwert der Spannung	V
Momentanwert des Stromes I	$I = I_m \cdot \sin \omega t$	ω Kreisfrequenz	s^{-1}
	$\omega = 2\pi f = \frac{2\pi}{T}$	I Momentanwert des Stromes	A
		I_m Scheitelwert des Stromes	A
		f Frequenz	s^{-1}
		T Periode	s
Effektivwert der Spannung U_{eff}	$U_{eff} = \frac{U_m}{\sqrt{2}} \approx 0{,}707 \cdot U_m$	U_{eff} Effektivwert der Spannung	V
Effektivwert des Stromes I_{eff}	$I_{eff} = \frac{I_m}{\sqrt{2}} \approx 0{,}707 \cdot I_m$	I_{eff} Effektivwert des Stromes	A

Bauelemente im Wechselstromkreis

Ohmscher Widerstand R	$R = \frac{U}{I} = \frac{U_{Rm}}{I_{Rm}} = \frac{U_{eff}}{I_{eff}}$	R ohmscher Widerstand	$\Omega = VA^{-1}$
		U Momentanwert der Spannung	V
	$U = U_{Rm} \cdot \sin \omega t$	I Momentanwert des Stromes	A
		U_{Rm} Scheitelwert der Spannung	V
	$I = I_{Rm} \cdot \sin \omega t = \frac{U_{Rm}}{R} \sin \omega t$	I_{Rm} Scheitelwert des Stromes	A
Kapazitiver Widerstand R_C eines Kondensators	$R_C = \frac{1}{\omega C} = \frac{U_{Cm}}{I_{Cm}} = \frac{U_{eff}}{I_{eff}}$	U_{eff} Effektivwert der Spannung	V
		I_{eff} Effektivwert des Stromes	A
	$U = U_{Cm} \sin \omega t$	U_{Cm} Scheitelwert der Spannung	V
	$I = \frac{U_{Cm}}{R_C} \sin (\omega t + \frac{\pi}{2})$	I_{Cm} Scheitelwert des Stromes	A
		ω Kreisfrequenz	s^{-1}
		R_C Kapazitiver Widerstand eines Kondensators	$\Omega = VA^{-1}$
		C Kapazität	$F = CV^{-1}$
Induktiver Widerstand R_L einer Spule	$R_L = \omega L = \frac{U_{Lm}}{I_{Lm}} = \frac{U_{eff}}{I_{eff}}$	L Induktivität	$H = VsA^{-1}$
		R_L Induktiver Widerstand einer Spule	$\Omega = VA^{-1}$
	$U = U_{Lm} \sin \omega t$	U_{Lm} Scheitelwert der Spannung	V
	$I = \frac{U_{Lm}}{R_L} \sin (\omega t - \frac{\pi}{2})$	I_{Lm} Scheitelwert des Stromes	A

Reihenschaltung von Widerständen 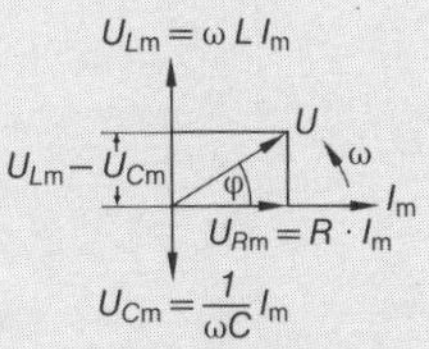	$Z = \frac{U_{eff}}{I_{eff}} = \frac{U_m}{I_m} =$ $\sqrt{R^2 + (\omega L - \frac{1}{\omega C})^2}$ $\tan \varphi = \frac{\omega L - \frac{1}{\omega C}}{R}$ $U = U_m \sin \omega t$ $I = I_m \sin (\omega t - \varphi)$	Z Scheinwiderstand U_{eff} Effektivwert der Spannung I_{eff} Effektivwert des Stromes U_m Scheitelwert der Spannung I_m Scheitelwert des Stromes R ohmscher Widerstand ω Kreisfrequenz L Induktivität C Kapazität φ Phasenverschiebung zwischen Spannung und Strom	$\Omega = VA^{-1}$ V A V A $\Omega = VA^{-1}$ s^{-1} $H = VsA^{-1}$ $F = CV^{-1}$ 1°, 1 (rad)
Parallelschaltung von Widerständen 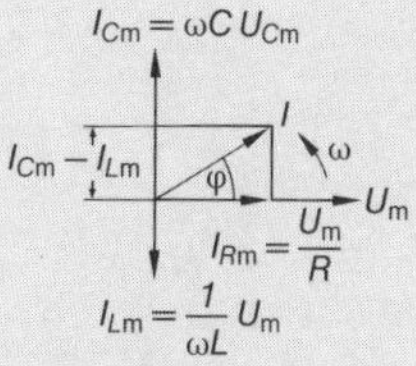	$Y = \frac{1}{Z} = \frac{I_{eff}}{U_{eff}} = \frac{I_m}{U_m} =$ $\sqrt{\frac{1}{R^2} + (\omega C - \frac{1}{\omega L})^2}$ $\tan \varphi = R (\omega C - \frac{1}{\omega L})$ $U = U_m \sin \omega t$ $I = I_m \sin (\omega t + \varphi)$	Y Scheinleitwert Z Scheinwiderstand U_{eff} Effektivwert der Spannung I_{eff} Effektivwert des Stromes U_m Scheitelwert der Spannung I_m Scheitelwert des Stromes R Ohmscher Widerstand ω Kreisfrequenz C Kapazität L Induktivität φ Phasenverschiebung zwischen Spannung und Strom	$\Omega^{-1} = AV^{-1}$ Ω V A V A Ω s^{-1} $F = CV^{-1}$ $H = VsA^{-1}$ 1°, 1 (rad)
Wirkleistung P_W des Wechselstromes	$P_W = U_{eff} I_{eff} \cos \varphi$	P_W Wirkleistung φ Phasenverschiebung	W = VA 1°, 1 (rad)
Transformator	$\frac{U_1}{U_2} = \frac{N_1}{N_2}$ $\frac{I_1}{I_2} = \frac{N_2}{N_1}$	U_1 (U_2) Spannung an der Primär (Sekundär)-spule I_1 (I_2) Strom in der Primär (Sekundär) -spule N_1 (N_2) Windungszahl der Primär (Sekundär)-spule	V A 1
Thomsonsche Schwingungsformel	$f = \frac{1}{2\pi\sqrt{LC}}$ $f = \frac{1}{T}$ $T = 2\pi\sqrt{LC}$	f Frequenz L Induktivität C Kapazität T Periode	s^{-1} $H = VsA^{-1}$ $F = CV^{-1}$ s

Mechanische Schwingungen

Frequenz f Kreisfrequenz ω	$f = \frac{1}{T}$ $\omega = 2\pi f = \frac{2\pi}{T}$	f Frequenz T Schwingungsdauer ω Kreisfrequenz	s^{-1} s s^{-1}
Differentialgleichung der harmonischen Schwingung lineares Kraftgesetz	$m\,\ddot{s}(t) + D\,s(t) = 0$ $F = -D\,s$	m Masse D Richtgröße s Auslenkung F Kraft	kg $Nm^{-1} = kg\,s^{-2}$ m N
Richtgröße D	$D = \frac{F}{s} = m\,\omega^2$	ω Winkelgeschwindigkeit	s^{-1}
Schwingungsdauer T eines Federpendels Schwingungsdauer T eines Fadenpendels	$T = 2\pi\sqrt{\frac{m}{D}}$ $T = 2\pi\sqrt{\frac{l}{g}}$	T Schwingungsdauer l Pendellänge g Fallbeschleunigung	s m ms^{-2}
Auslenkung $s(t)$ (Allgemeine Lösung der Differentialgleichung) Geschwindigkeit $v(t)$ Phasenwinkel φ	$s(t) = s_m \sin(\omega\,t + \varphi_o)$ $v(t) = s_m\,\omega \cos(\omega\,t + \varphi_o)$ $\varphi = \omega\,t + \varphi_o$	s Auslenkung s_m Schwingungsweite (Amplitude) ω Kreisfrequenz t Zeit v Geschwindigkeit φ_o Nullphasenwinkel φ Phasenwinkel	m m s^{-1} s ms^{-1} 1°, 1 (rad) 1°, 1 (rad)
Schwingungsenergie E	$E = E_k + E_p =$ $= \frac{1}{2} m\,v(t)^2 + \frac{1}{2} D\,s(t)^2$ $= \frac{1}{2} D\,s_m^2$	E Schwingungsenergie E_k kinetische Energie E_p potentielle Energie D Richtgröße s Auslenkung s_m Schwingungsweite	J J J $Nm^{-1} = kg\,s^{-2}$ m m
Physikalisches Pendel reduzierte Pendellänge l_r	$T = 2\pi\sqrt{\frac{l_r}{g}}$ $l_r = \frac{J}{m\,s}$	T Schwingungsdauer l_r reduzierte Pendellänge J Trägheitsmoment in Bezug auf die Drehachse m Pendelmasse s Abstand des Schwerpunktes von der Drehachse	s m $kg\,m^2$ kg m
Torsionspendel Winkelrichtgröße D	$T = 2\pi\sqrt{\frac{J}{D^*}}$ $D^* = \frac{M}{\alpha}$	J Trägheitsmoment D^* Winkelrichtgröße M Drehmoment α Drehwinkel	$kg\,m^2$ Nm Nm = $kg\,m^2\,s^{-2}$ 1°, 1 (rad)

Ausbreitungsgeschwindigkeit c (Phasengeschwindigkeit)	$c = \lambda f = \frac{\lambda}{T}$ $c \rightarrow$ Tabelle S. 38	c Ausbreitungsgeschwindigkeit λ Wellenlänge f Frequenz T Schwingungsdauer	ms^{-1} m s^{-1} s
Wellengleichung	$y = y_m \sin 2\pi \left(\frac{t}{T} - \frac{x}{\lambda}\right)$	y Auslenkung y_m Amplitude t Zeit x Ort	m m s m

Stehende Wellen

Wellengleichung einer stehenden Welle	$y = 2\, y_m \cos \left(\frac{2\pi x}{\lambda}\right) \sin \omega t$	y Auslenkung y_m Amplitude x Ort (Abszisse) λ Wellenlänge ω Kreisfrequenz t Zeit l Länge des Wellenträgers	m m m m s^{-1} s m
Stehende Wellen auf einem Wellenträger der Länge l 1. gleichartige Enden (fest-fest, lose-lose)	$l = 2k\frac{\lambda}{4}$ $k = 1, 2 \ldots$		
2. verschiedenartige Enden (fest-lose)	$l = (2k - 1)\frac{\lambda}{4}$		
Abstand zweier Knoten der stehenden Welle	$d = \frac{\lambda}{2}$	d Knotenabstand λ Wellenlänge	m m

Dopplereffekt (akustisch)

Ruhender Empfänger – Bewegter Sender	$f' = f\frac{1}{1 \mp \frac{v_S}{c}}$	f' Frequenz beim Empfänger f Frequenz des Senders v_S Geschwindigkeit des Senders c Schallgeschwindigkeit v_E Geschwindigkeit des Empfängers	s^{-1} s^{-1} ms^{-1} ms^{-1} ms^{-1}
Ruhender Sender – Bewegter Empfänger	$f' = f\left(1 \pm \frac{v_E}{c}\right)$		
Bewegter Sender – Bewegter Empfänger	$f' = f\frac{c \pm v_E}{c \mp v_S}$ Annäherung – oberes Zeichen Entfernung – unteres Zeichen		

O Geometrische Optik I

Reflexionsgesetz	1. Einfallender Strahl, Einfallslot und reflektierter Strahl liegen in einer Ebene 2. $\alpha = \alpha'$	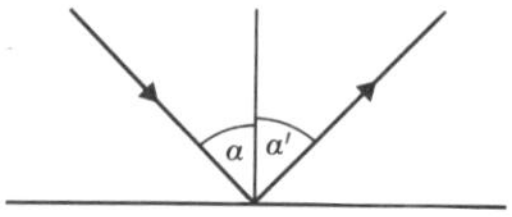 α Einfallswinkel α' Reflexionswinkel	 1°, 1 (rad) 1°, 1 (rad)
Brechungsgesetz	1. Einfallender Strahl, Einfallslot und gebrochener Strahl liegen in einer Ebene 2. $\frac{\sin\alpha}{\sin\beta} = \frac{c_V}{c_M} = n = \text{const.}$ (Vakuum → Medium) n → Tabelle S. 39	α Einfallswinkel β Brechungswinkel c_V Lichtgeschwindigkeit im Vakuum c_M Lichtgeschwindigkeit im Medium n Brechzahl	1°, 1 (rad) 1°, 1 (rad) ms^{-1} ms^{-1} 1
		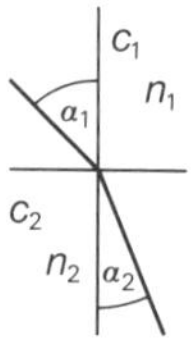	
	$\frac{\sin\alpha_1}{\sin\alpha_2} = \frac{c_1}{c_2} = \frac{n_2}{n_1}$ (Medium 1 → Medium 2)	α_1 (α_2) Winkel im Medium 1 (2) c_1 (c_2) Lichtgeschwindigkeit im Medium 1 (2) n_1 (n_2) Brechzahl des Mediums 1 (2)	 ms^{-1} 1
Grenzwinkel der Totalreflexion α_G	$\sin\alpha_G = \frac{1}{n}$ (Medium → Vakuum)	α_G Grenzwinkel	1°,1 (rad)

Dünne Linsen

Abbildungsgleichungen (für dünne Linsen)	$\frac{B}{G} = \frac{b}{g} = \alpha$ $\frac{1}{g} + \frac{1}{b} = \frac{1}{f}$ $(g-f) \cdot (b-f) = f^2$	B Bildgröße G Gegenstandsgröße b Bildweite g Gegenstandsweite α Abbildungsmaßstab f Brennweite	m m m m 1 m
Brennweite f (dünne Linse) Brechkraft D	$\frac{1}{f} = (n-1)\left(\frac{1}{r_1} + \frac{1}{r_2}\right)$ $D = \frac{1}{f}$	f Brennweite n Brechzahl r_1 (r_2) Krümmungsradien der Linse D Brechkraft	m 1 m m^{-1}
Brennweite eines Linsensystems aus zwei unmittelbar benachbarten (dünnen) Linsen Brechkraft	$\frac{1}{f} = \frac{1}{f_1} + \frac{1}{f_2}$ $D = D_1 + D_2$	f Brennweite des Systems f_1 (f_2) Brennweite der Einzellinsen D Brechkraft des Systems D_1 (D_2) Brechkraft der Einzellinsen	m m m^{-1} m^{-1}

Optische Instrumente

Lochkamera	$\frac{B}{G} = \frac{b}{g} = \alpha$	B Bildgröße G Gegenstandsgröße b Bildweite g Gegenstandsweite α Abbildungsmaßstab	m m m m 1
Fotoapparat Lichtstärke k des Objektivs	$k = \frac{d}{f}$	d wirksamer Durchmesser des Objektivs f Objektivbrennweite k Lichtstärke eines Objektivs	m m 1

Die Vergrößerung optischer Instrumente

Vergrößerung V (allgemein)	$V = \frac{\tan \varepsilon_m}{\tan \varepsilon_o}$	V Vergrößerung ε_m (ε_o) Sehwinkel mit (ohne) Gerät	1 1°, 1 (rad)
Vergrößerung V (Näherung)	$V = \frac{\varepsilon_m}{\varepsilon_o}$		
Lupe	$V = \frac{s_o}{f}$ $\quad s_o = 0{,}25$ m	s_o deutliche Sehweite f Brennweite	m m
Fernrohr (astronomisch und terrestrisch)	$V = \frac{f_{Ob}}{f_{Ok}}$	f_{Ob} Objektivbrennweite f_{Ok} Okularbrennweite	m m
Mikroskop	$V = \frac{t\, s_o}{f_{Ob} f_{Ok}}$	t Optische Tubuslänge (Abstand der inneren Brennpunkte von Objektiv und Okular)	m

Abbildung durch kugelförmige Spiegel

Abbildungs-gleichungen	$\frac{B}{G} = \frac{b}{g} = \alpha$ $\frac{1}{g} + \frac{1}{b} = \frac{1}{f}$ $(g - f) \cdot (b - f) = f^2$	B Bildgröße G Gegenstandsgröße b Bildweite g Gegenstandsweite α Abbildungsmaßstab f Brennweite	m m m m 1 m
Brennweite f	$f = \pm \frac{r}{2}$ (+ Hohlspiegel, − Wölbspiegel)	f Brennweite r Krümmungsradius	m m

O

Wellenoptik I

Zusammenhang zwischen Frequenz, Ausbreitungsgeschwindigkeit und Wellenlänge	$c = f \cdot \lambda$	c Ausbreitungsgeschwindigkeit des Lichts f Frequenz λ Wellenlänge	ms^{-1} s^{-1} m
Frequenz beim Übergang von Medium 1 in Medium 2	$f_1 = f_2$	f_1 (f_2) Frequenz im Medium 1 (2)	s^{-1}
Wellenlänge beim Übergang von Medium 1 in Medium 2	$\frac{\lambda_1}{\lambda_2} = \frac{c_1}{c_2}$	λ_1 (λ_2) Wellenlänge im Medium 1 (2) c_1 (c_2) Lichtgeschwindigkeit im Medium	m ms^{-1}
Beugung (bei senkrechtem Einfall)			
Spalt Intensitätsminima Nebenmaxima der Intensität	$b \sin \alpha_k = k\lambda$ $(k = 1, 2, 3 \ldots)$ $b \sin \alpha_k = (k + \frac{1}{2})\,\lambda$ $(k = 1, 2, 3 \ldots)$	b Spaltbreite α Ablenkungswinkel λ Wellenlänge 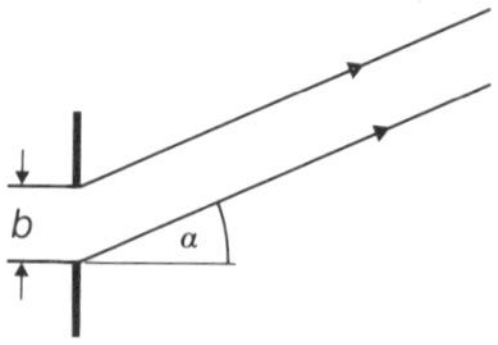	m 1°, 1 (rad) m
Doppelspalt Intensitätsmaxima Intensitätsminima	$g \sin \alpha_k = k\lambda$ $(k = 0, 1, 2, 3 \ldots)$ $g \sin \alpha_k = (k + \frac{1}{2})\,\lambda$ $(k = 0, 1, 2, 3 \ldots)$	g Abstand der Spaltmitten 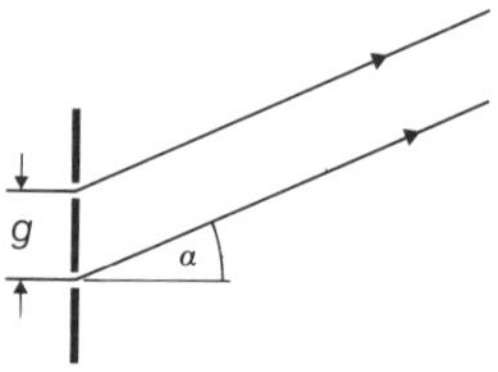	m
Gitter Intensitätsmaxima	$g \sin \alpha_k = k\lambda$ $(k = 0, 1, 2, 3 \ldots)$	g Gitterkonstante 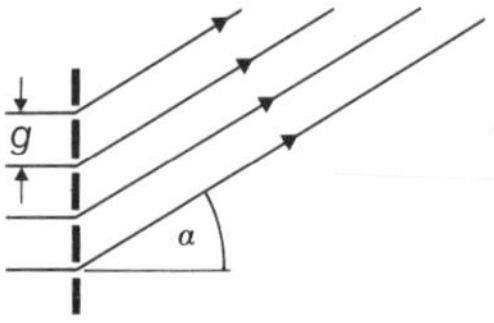	m

Optischer Weg s_o ohne Reflexion an einem dichteren Medium mit Reflexion an einem dichteren Medium	$s_o = s_g\, n$ $s_o = s_g\, n + \frac{\lambda}{2}$	s_o optischer Lichtweg s_g geometrischer Lichtweg n Brechzahl λ Wellenlänge	m m 1 m
Gangunterschied Δs_o	$\Delta s_o = s_{o1} - s_{o2}$	Δs_o Gangunterschied s_{o1} (s_{o2}) optischer Weg des Strahles 1 (2)	m m
Interferenz			
Interferenzmaximum (Verstärkung) Interferenzminimum (Auslöschung)	$\Delta s_o = k \cdot \lambda$ $(k = 0, 1, 2, 3 \ldots)$ $\Delta s_o = (k + \frac{1}{2}) \cdot \lambda$	Δs_o Gangunterschied λ Wellenlänge	m m
Phasenverschiebung und Gangunterschied	$\varphi = \frac{2\pi}{\lambda}\, \Delta s_o$	φ Phasenverschiebung Δs_o Gangunterschied	1°, 1 (rad) m
Interferenzen an dünnen Schichten (in reflektiertem Licht bei senkrechtem Einfall)	$\Delta s_o = 2\, d\, n \pm \frac{\lambda}{2}$	Δs_o Gangunterschied d Schichtdicke n Brechzahl λ Wellenlänge in Luft	m 1 m
Newtonsche Ringe (in reflektiertem Licht bei senkrechtem Einfall)	$\varrho_k^2 = k \cdot \lambda \cdot r$ $(k = 1, 2, 3 \ldots)$	ϱ_k Radius des k-ten dunklen Ringes λ Wellenlänge r Krümmungsradius der Linse	m m m
Polarisation (Licht) Brewstersches Gesetz	$\tan \alpha_p = n$	α_p Polarisationswinkel (Einfallswinkel, bei dem eine vollständige Polarisation des reflektierten Lichtes eintritt) n Brechzahl	1°, 1 (rad) 1
Optischer Dopplereffekt im Vakuum	$f' = f \sqrt{\frac{c \pm v}{c \mp v}}$ Annäherung - oberes Zeichen Entfernung - unteres Zeichen	f' Frequenz beim Empfänger f Frequenz der Strahlungsquelle c Lichtgeschwindigkeit im Vakuum v Relativgeschwindigkeit	s^{-1} s^{-1} ms^{-1} ms^{-1}

Bohrsches Atommodell

Erstes Postulat von Bohr Zweites Postulat von Bohr	$2 \pi m_e r_n v_n = n h$ $n = 1, 2, 3, \ldots$ $h f = E_2 - E_1$	m_e Ruhmasse des Elektrons r_n Radius der n-ten Quantenbahn v_n Bahngeschwindigkeit des Elektrons n Hauptquantenzahl h Plancksche Konstante E_2 (E_1) Energie der höheren (niedrigeren) Quantenbahn f Frequenz des Quants	kg m ms^{-1} 1 Js J s^{-1}
Wellenzahlen $\frac{1}{\lambda}$ der Spektrallinien Rydbergkonstante R_H für Wasserstoff Radius r_n der n-ten Kreisbahn Energie E_n des Elektrons auf der n-ten Bahn	$\frac{1}{\lambda} = R_H \left(\frac{1}{n_1^2} - \frac{1}{n_2^2}\right)$ $R_H = \frac{e^4 m_e}{8 \varepsilon_o^2 h^3 c}$ $R_H = 1{,}097 \cdot 10^7 \text{ m}^{-1}$ $r_n = r_1 n^2$ $r_1 = \frac{h^2 \varepsilon_o}{\pi e^2 m_e}$ (= $5{,}293 \cdot 10^{-11}$ m) $E_n = - E \frac{1}{n^2}$ $E = R_H h c$ (= 13,6 eV)	n_1 (n_2) Hauptquantenzahlen ($n_2 > n_1$) R_H Rydbergkonstante e Elementarladung m_e Ruhmasse des Elektrons ε_o elektrische Feldkonstante h Plancksche Konstante c Lichtgeschwindigkeit r_n Radius der n-ten Kreisbahn r_1 Bohrscher Radius E_n Bindungsenergie (negativ) n Hauptquantenzahl	1 m^{-1} C kg $AsV^{-1} m^{-1}$ Js ms^{-1} m m J 1
Moseleysches Gesetz für die K_α-Linie eines Röntgenspektrums	$\frac{1}{\lambda} = \frac{3}{4} R_H (Z - 1)^2$	$\frac{1}{\lambda}$ Wellenzahl λ Wellenlänge R_H Rydbergkonstante Z Kernladungszahl	m^{-1} m m^{-1} 1

Energie E eines Quants	$E = h f$ $h = 6{,}6262 \cdot 10^{-34}$ Js	E Energie f Frequenz h Plancksche Konstante	J s^{-1} Js
Masse m eines Quants	$m = \frac{E}{c^2} = \frac{h f}{c^2} = \frac{h}{c \lambda}$	m Masse c Lichtgeschwindigkeit λ Wellenlänge	kg ms^{-1} m
Impuls p eines Quants	$p = m c = \frac{E}{c} = \frac{h f}{c} = \frac{h}{\lambda}$	p Impuls	$kg\,ms^{-1}$
Photoeffekt (Lichtelektrischer Effekt)	$E_k = h f - W_A$	E_k (maximale) kinetische Energie W_A Austrittsarbeit	J J
Comptoneffekt	$\Delta\lambda = \lambda_g - \lambda_e =$ $= \frac{h}{m_e c}(1 - \cos \vartheta)$ $\frac{h}{m_e c} = \lambda_c$ $\lambda_c = 2{,}4263 \cdot 10^{-12}$ m	$\Delta\lambda$ Wellenlängezunahme λ_g (λ_e) Wellenlänge des gestreuten (eingestrahlten Photons m_e Ruhmasse des Elektrons c Lichtgeschwindigkeit im Vakuum ϑ Streuwinkel λ_c Comptonwellenlänge	m m kg ms^{-1} 1°, 1 (rad) m
Röntgenbremsstrahlung	$f_G = \frac{e U}{h}$ $\lambda_G = \frac{c}{f_G} = \frac{c h}{e U}$	f_G Grenzfrequenz e Elementarladung U durchlaufene Spannung h Plancksche Konstante λ_G Grenzwellenlänge c Lichtgeschwindigkeit im Vakuum	s^{-1} C = As V Js m ms^{-1}

Temperaturstrahlung

Strahlungsleistung Φ_e	$\Phi_e = \frac{W}{t}$	Φ_e Strahlungsleistung W ausgestrahlte Energie t Zeit	W J s
Stefan-Boltzmannsches Strahlungsgesetz Stefan-Boltzmann-Konstante σ	$\Phi_e = \varepsilon \sigma T^4 A$ $\sigma = 5{,}670 \cdot 10^{-8}\ Wm^{-2} K^{-4}$	Φ_e Strahlungsfluß (Leistung) ε Emissionsgrad σ Stefan-Boltzmann-Konstante T Temperatur des Strahlers A Senderfläche	W 1 $Wm^{-2} K^{-4}$ K m^2
Wiensches Verschiebungsgesetz Wiensche Konstante K	$\lambda_{max} T = K$ $K = 2{,}897 \cdot 10^{-3}$ m K	λ_{max} Wellenlänge für die die spektrale Verteilung ein Maximum hat T Temperatur K Wiensche Konstante	m K m K

Materiewellen

Frequenz f wenn $v \ll c$	$f = \frac{m c^2}{h}$ $f = \frac{m_0 c^2}{h \sqrt{1 - \frac{v^2}{c^2}}}$ $f = \frac{m_0 c^2}{h}$	f Frequenz m Masse c Lichtgeschwindigkeit h Plancksche Konstante m_0 Ruhmasse	s^{-1} kg ms^{-1} Js kg
Wellenlänge λ wenn $v \ll c$	$\lambda = \frac{h}{m v} = \frac{h}{p}$ $\lambda = \frac{h \sqrt{1 - \frac{v^2}{c^2}}}{m_0 v}$ $\lambda = \frac{h}{m_0 v}$	λ Wellenlänge h Plancksche Konstante m Masse v Geschwindigkeit p Impuls m_0 Ruhmasse	m Js kg ms^{-1} $kg\,ms^{-1}$ kg
Phasengeschwindigkeit u und Teilchengeschwindigkeit v	$u v = c^2$	u Phasengeschwindigkeit v Teilchengeschwindigkeit (Gruppengeschwindigkeit) c Lichtgeschwindigkeit	ms^{-1} ms^{-1} ms^{-1}

Unschärferelationen von Heisenberg

Ort-Impuls-Unschärfe	$\Delta x \, \Delta p_x \geqq \frac{h}{2\pi}$	Δx Unschärfe der x-Koordinate Δp_x Unschärfe der x-Komponente des Impulses	m $kg\,ms^{-1}$
Energie-Zeit-Unschärfe	$\Delta E \, \Delta t \geqq \frac{h}{2\pi}$	ΔE Unschärfe der Energie Δt Unschärfe der Zeit	J s

Radioaktives Zerfallsgesetz	$\Delta N = -\lambda N(t) \cdot \Delta t$	ΔN Anzahl der in der Zeit Δt zerfallenden Atome	1
	$N(t) = N(0)\, e^{-\lambda t}$	$N(t)$, $(N(0))$ Anzahl der zur Zeit t $(t = 0)$ vorhandenen Atome des Radionuklids	1
	$N(t) = N(0)\, 2^{-\frac{t}{T_H}}$	λ Zerfallskonstante	s^{-1}
		t Zeit	s
Halbwertszeit T_H	$T_H = \frac{ln\,2}{\lambda} = \frac{0{,}693}{\lambda}$	T_H Halbwertszeit	s
Mittlere Lebensdauer τ	$\tau = \frac{1}{\lambda}$	τ mittlere Lebensdauer	s
Aktivität A eines radioaktiven Präparates	$A = \lim\limits_{\Delta t \to 0} \left\lvert\frac{\Delta N}{\Delta t}\right\rvert = \lambda N(t)$	A Aktivität	$Bq = s^{-1}$
		ΔN Anzahl der umgewandelten Atome in der Zeit Δt	1
	$A(t) = A(0)\, e^{-\lambda t}$	λ Zerfallskonstante	s^{-1}
		$A(t)$, $(A(0))$ Aktivität zur Zeit t $(t = 0)$	$Bq = s^{-1}$
Absorption von β und γ-Strahlen	$I = I_0\, e^{-\mu d}$	I (I_0) Intensität der Strahlung hinter (vor) dem Absorber	Wm^{-2}
		μ Schwächungskoeffizient	m^{-1}
Halbwertsdicke D	$D = \frac{\ln 2}{\mu} = \frac{0{,}693}{\mu}$	d Dicke des Absorbers	m
		D Halbwertsdicke	m
Nukleonenzahl A (Massenzahl des Atomkerns)	$A = Z + N$	A Nukleonenzahl	1
		Z Protonenzahl (Ordnungszahl)	1
		N Neutronenzahl	1
Radius r des Atomkerns	$r = r_0 \sqrt[3]{A}$	r Atomkernradius	m
		r_0 Radius des Protons	m
	$r_0 = 1{,}42 \cdot 10^{-15}$ m	A Nukleonenzahl	1
Massendefekt m	$\Delta m = Z m_p + N m_n - m$	Δm Massendefekt	kg
		Z Protonenzahl	1
		m_p Ruhmasse des Protons	kg
		N Neutronenzahl	1
		m_n Ruhmasse des Neutrons	kg
		m Masse des Atomkerns	kg

Relativitätstheorie

Lorentz-Transformation	$x' = \gamma(x - vt)$ $x = \gamma(x' + vt')$ $y' = y \quad z' = z$ $t' = \gamma(t - \frac{v}{c^2}x)$ $t = \gamma(t' + \frac{v}{c^2}x')$ $\gamma = \frac{1}{\sqrt{1 - \frac{v^2}{c^2}}}$	x, y, z, t Raum- und Zeitkoordinaten im System S x', y', z', t' Raum- und Zeitkoordinaten im System S' c Lichtgeschwindigkeit v Geschwindigkeit des Systems S' gegenüber dem System S γ Verzerrungsfaktor	m, s m, s ms^{-1} ms^{-1} 1
Galilei-Transformation (für $v \ll c$)	$x' = x - vt$ $x = x' + vt$ $y' = y \quad z' = z \quad t' = t$		
Zeitdilatation	$\Delta t = \gamma \Delta t'$ $\Delta t' = t'_2 - t'_1$ $\Delta t = t_2 - t_1$	Δt Zeitdifferenz gemessen im System S $\Delta t'$ Zeitdifferenz gemessen SystemS'	s s
Längenkontraktion	$l = \frac{1}{\gamma} l'$	l Länge, gemessen im System S l' Länge, gemessen im System S' γ Verzerrungsfaktor	m m 1
Relativistische Addition von Geschwindigkeiten	$u = \frac{u' + v}{1 + \frac{u'v}{c^2}}$	u Geschwindigkeit eines Körpers gemessen in S u' Geschwindigkeit eines Körpers gemessen in S' v Geschwindigkeit des Systems S' gegenüber dem System S c Lichtgeschwindigkeit	ms^{-1} ms^{-1} ms^{-1} ms^{-1}

Geschwindigkeitsabhängigkeit der Masse m	$m = \gamma\, m_o$ $\gamma = \dfrac{1}{\sqrt{1 - \dfrac{v^2}{c^2}}}$	m Masse des Körpers, der sich relativ zum Beobachter mit der Geschwindigkeit v bewegt m_o Ruhmasse v Geschwindigkeit c Lichtgeschwindigkeit γ Verzerrungsfaktor	kg kg ms^{-1} ms^{-1} 1
Relativistischer Impuls p	$p = m\, v = m_o \cdot \gamma \cdot v$	p Impuls m Masse v Geschwindigkeit m_o Ruhmasse γ Verzerrungsfaktor	$kg\, ms^{-1}$ kg ms^{-1} kg 1
Dynamisches Grundgesetz	$F = \dfrac{dp}{dt} = \dfrac{d\,(mv)}{dt} = \dfrac{d\,(m_o\, \gamma\, v)}{dt}$	F Kraft p Impuls t Zeit m Masse v Geschwindigkeit m_o Ruhmasse γ Verzerrungsfaktor	$N = kg\, ms^{-2}$ $kg\, ms^{-1}$ s kg ms^{-1} kg 1
Relativistische Energie E (Masse - Energie Aquivalenz) wenn $v \ll c$	$E_o = m_o\, c^2$ $E = m\, c^2 = m_o\, \gamma\, c^2$ $E = m_o\, c^2 + \dfrac{1}{2}\, m_o\, v^2$	E_o Ruhenergie eines Körpers m_o Ruhmasse des Körpers c Lichtgeschwindigkeit E Gesamtenergie des Körpers m Masse v Geschwindigkeit γ Verzerrungsfaktor	$J = kg\, m^2\, s^{-2}$ kg ms^{-1} $J = kg\, m^2\, s^{-2}$ kg ms^{-1} 1
Energie-Impuls-Beziehung	$E = \sqrt{(m_o\, c^2)^2 + (p\, c)^2} =$ $= \sqrt{E_o^2 + (p\, c)^2}$	E Gesamtenergie des Körpers m_o Ruhmasse c Lichtgeschwindigkeit p Impuls E_o Ruhenergie des Körpers	$J = kg\, m^2\, s^{-2}$ kg ms^{-1} $kg\, ms^{-1}$ $J = kg\, m^2\, s^{-2}$

Mechanische und thermische Eigenschaften verschiedener Stoffe

ϱ = Dichte bei 20 °C, für Gase bei 0 °C, 1013 mbar; die Wichte γ in 10^4 N/m³ erhält man durch Multipl kation von ϱ mit 0,98; es ist 1 g cm⁻³ = 10³ kg m⁻³;
α = Längenausdehnungskoeffizient bei 18 °C; γ = Raumausdehnungskoeffizient bei 20 °C; $\varkappa = c_p/c_V$ Adia batenexponent; c = spez. Wärmekapazität; c_p = spez. Wärmekapazität bei konstantem Druck;
ϑ_f = Schmelztemperatur; s = spez. Schmelzwärme; ϑ_d = Siedetemperatur; r = spez. Verdampfungswärme.

Feste Stoffe	ϱ g/cm³	α 10^{-6} K⁻¹	c kJ/(kg · K)	ϑ_f °C	s kJ/kg	ϑ_d °C	r kJ/kg
Aluminium	2,70	23,8	0,896	660	404	2400	10539
Beton	2,2-2,5	11	0,879				
Blei	11,35	29,4	0,129	327	24,7	1750	871
Cobalt	8,8	12,6	0,419	1493	260	2880	4815
Eis (−4 °C)	0,92	37	2,09	0	334	100	2257
Eisen	7,86	11,59	0,452	1535	270	2800	6322
Glas	2,23	3,2	0,799	815			
Gold	19,3	14,2	0,129	1063	64,5	2660	1578
Graphit	2,25	19	0,711	3800		4400	
Iod	4,93	64,1	0,214	114	124	183	163
Kochsalz	2,16	48	0,854	808	519	1461	2789
Kupfer	8,93	16,8	0,385	1083	205	2582	4798
Messing (MS 7,2)	8,6	18,5	0,375	~ 320		1160	
Natrium	0,97	71	1,23	98	113	890	4600
Paraffin	0,8-0,9	150	2,51	50			
Platin	21,45	9,1	0,134	1769	111	4300	2470
Plexiglas	1,16	75	1,30	~ 110			
Porzellan	2,3	4	0,846	1670			
Quarzglas	2,20	5,6	0,712	1585			
Schwefel	2,06	56,5	0,720	113	50,2	445	293
Silber	10,5	19,3	0,237	961	105	2180	2361
Silicium	2,4	2,5	0,703	1423	166	2350	12561
Wolfram	19,27	4,5	0,142	3390	192	5500	4354
Zink	7,13	26,3	0,389	420	111	907	1754
Zinn	7,30	27	0,226	232	59,5	2680	2387

Flüssigkeiten	ϱ g/cm³	γ 10^{-3} K⁻¹	c kJ/(kg · K)	ϑ_f °C	s kJ/kg	ϑ_d °C	r kJ/kg
Aceton	0,791	1,43	2,22	−95	82,1	56	519
Benzol	0,879	1,23	1,70	6	126	80	394
Ethanol, Spiritus	0,789	1,10	2,40	−114	105	78	854
Ether	0,714	1,62	2,26	−116		34,6	356
Glycerin	1,260	0,50	2,39	18	201	291	
Petroleum	0,847	0,96	2,14			150	
Quecksilber	13,546	0,181	0,138	−39	11,8	357	285
Schwefelsäure (rein)	1,834	0,22	1,42	10,4	109	338	
Wasser	0,998	0,21	4,18	0	334	100	2257

Gase	ϱ g/dm³	$\varkappa = c_p/c_V$	c_p kJ/(kg · K)	ϑ_f °C	s kJ/kg	ϑ_d °C	r kJ/kg
Ammoniak	0,771	1,31	2,16	−77,7	332	−33,4	1374
Chlor	3,214	1,35	0,486	−101,5	90,4	−34,7	289
Helium	0,179	1,63	5,23	−273,2		−268,98	20,5
Kohlenstoffdioxid	1,977	1,29	0,837	−78,5	181	−57	574
Kohlenstoffmonooxid	1,25	1,40	1,05	−204	29,7	−191,5	216
Luft	1,293	1,402	1,005	−213		−193	
Propan	2,010	1,13	1,63	−187,7	80,0	−42,1	427
Sauerstoff	1,429	1,398	0,917	−219	13,8	−182,97	214
Stickstoff	1,251	1,40	1,04	−210,5	25,5	−195,8	201
Wasserstoff	0,0899	1,32	14,32	−259,5	58,2	−252,8	448
Xenon	5,897	1,66	0,126	−111,8	17,6	−108,1	99,2

Dichten uneinheitlicher Stoffe in kg/dm³

Beton	1,8 ... 2,5	Marmor	2,5 ... 2,8
Braunkohle	1,3	Mauerwerk	1,1 ... 2,5
Erde	1,3 ... 2,0	Mehl	0,6
Fette	0,9	Papier	0,8 ... 1,1
Glas (Haushalt)	2,4 ... 2,9	Sand	1,6 ... 1,8
Holz (Buche, Eiche)	0,7	Stahl	7,6 ... 7,8
Holz (Kiefer, Tanne)	0,5	Steinkohle	1,4
Kies	1,8 ... 2,0	Zement	3,1
Koks	0,9 ... 1,2	Ziegel	1,4 ... 1,8
Kork	0,22 ... 0,29	Zucker	1,6
Benzin	0,7	Petroleum, Terpentin	0,85
Meerwasser	1,02	Tetrachlorkohlenstoff	1,59

Schüttdichten in kg/dm³

Äpfel	0,3
Braunkohlen	0,7
Erdreich	1,4 ... 1,7
Hafer	0,5
Heu	0,1
Holzscheite	0,4
Kartoffeln	0,7
Koks	0,4
Roggen	0,7
Steine	1,7 ... 2,2
Steinkohlen	0,9
Stroh	0,04 ... 0,07
Weizen	0,8

Haftreibungszahlen f_h

	auf	f_h
Stahl	Holz Stahl Eis	0,6 ... 0,7 0,15 ... 0,3 0,027
Holz	Holz Stein	0,3 ... 0,6 0,7
Leder	Grauguß	0,6 ... 0,8
Auto-reifen	Asphalt Beton Makadam	0,4 ... 0,8 0,6 ... 1 0,6 ... 0,9

Werte gelten für trockene Flächen, bei nassen Flächen sind sie rund 30% niedriger.

Gleitreibungszahlen f_{gl}

	auf	f_{gl}
Holz	Holz Stein Metall	0,2 ... 0,4 0,3 ... 0,4 0,4 ... 0,5
Stahl	Stahl Eis	0,15 .. 0,25 0,01
Bremsbelag	Stahl	0,5 ... 0,6
Auto-reifen	Asphalt Beton Eis	0,3 ... 0,6 0,35 ... 0,7 0,05 ... 0,2

Werte gelten für trockene Flächen, bei gefetteten Flächen sind sie rund 30% niedriger.

Rollreibungszahlen f_r/r (r in cm)

	auf	f_r/r
Stahl	Stahl Stahl, gehärtet	0,005 0,001
Zahnrad	Zahnrad	0,01 .. 0,05
Auto-reifen	Asphalt Beton Pflaster Schotter Erdweg Sand	0,010 0,015 0,015 0,022 0,05 .. 0,15 0,15 .. 0,3

Werte sind stark geschwindigkeitsabhängig, und zwar mit steigender Geschwindigkeit abnehmend.

Trägheitsmomente homogener Körper der Masse *m* (Achsen durch Schwerpunkt)

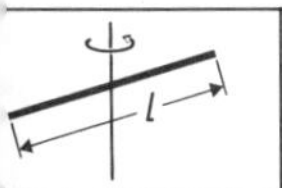

$$J = \frac{m}{12} l^2$$

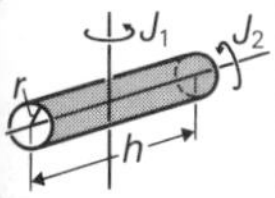

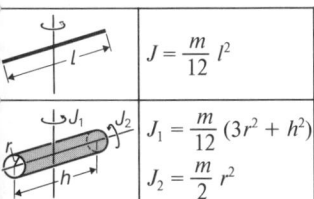

$$J_1 = \frac{m}{12}(3r^2 + h^2)$$
$$J_2 = \frac{m}{2} r^2$$

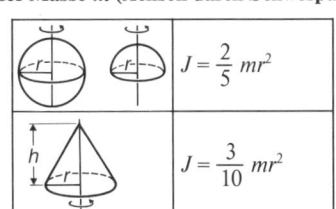

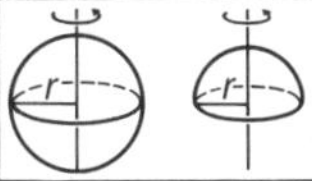

$$J = \frac{2}{5} mr^2$$

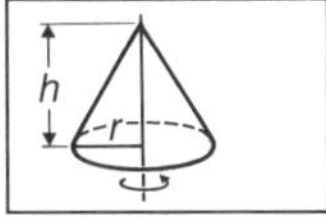

$$J = \frac{3}{10} mr^2$$

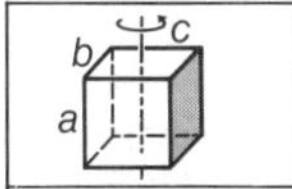

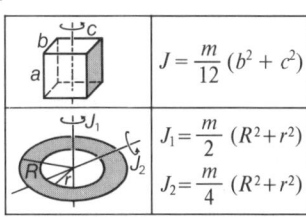

$$J = \frac{m}{12}(b^2 + c^2)$$

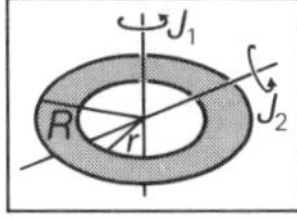

$$J_1 = \frac{m}{2}(R^2 + r^2)$$
$$J_2 = \frac{m}{4}(R^2 + r^2)$$

Fallbeschleunigung

Normwert: $g_n = 9{,}80665 \text{ m/s}^2$

Für die geographische Breite φ und die Höhe h in Metern über Normalnull ist:

$$g = \left(9{,}8063 - 0{,}0264 \cos 2\varphi - 0{,}000003 \frac{h}{\text{Meter}}\right) \text{m/s}^2$$

φ in $h = 0$ m	0°	10°	20°	30°	40°	50°	60°	70°	80°	90°
g in/ms^{-2}	9,780	9,782	9,786	9,793	9,802	9,811	9,819	9,826	9,831	9,832

Dynamische Viskosität (Zähigkeit) η in 10^{-5} Ns m^{-2}

Ammoniak	(0 °C)	0,93	Quecksilber	(20 °C)	155	Heizöl	(20 °C)	
Ethanol	(20 °C)	120	Wasser	(0 °C)	178		EL	$0{,}52 \cdot 10^5$
Ether	(20 °C)	24	Wasser	(20 °C)	100		M	$6{,}98 \cdot 10^5$
Glycerin	(10 °C)	$4 \cdot 10^5$	Wasser	(40 °C)	66		S	$43{,}7 \cdot 10^5$
Glycerin	(20 °C)	$1{,}48 \cdot 10^5$	Wasser	(60 °C)	47			
Luft	(0 °C)	1,71	Wasser	(80 °C)	35	Motorenöl	(98,9 °C)	
Luft	(20 °C)	1,81	Wasser	(100 °C)	29		SAE 20	854
Luft	(50 °C)	2,00	Wasserdampf	(100 °C)	1,24		SAE 30	1148
Methanol	(20 °C)	59	Wasserstoff	(0 °C)	0,84		SAE 40	1495

Widerstandsbeiwert c_w verschiedener Körperformen

Kreisscheibe	→	1,11	Kegel	→ 30°	0,34	Kleinwagen	→	0,4
Kugel	→	0,4	Kegel	→ 60°	0,51	großer Pkw	→	0,35
Halbkugel	→	1,33	Walze	→	0,85	Sportwagen	→	0,28
Halbkugel	→	0,34	Stromlinienk.	→	0,1	Fallschirm	↑	0,9

Beaufort-Skala und Windgeschwindigkeit

(International festgelegte Meßhöhe 10 m über Grund im freien Gelände)

Wind-stärke	Auswirkungen	Geschwindigkeit in ms^{-1}	Wind-stärke	Auswirkungen	Geschwindigkeit in ms^{-1}
0	Rauch steigt senkrecht empor	0 . . . 0,2	7	fühlbare Hemmungen beim Gehen gegen den Wind	13,9 . . . 17,1
1	nur durch Rauch angezeigt	0,3 . . . 1,5	8	bricht Zweige von den Bäumen, erschwert erheblich das Gehen im Freien	17,2 . . . 20,7
2	Blätter säuseln, Windfahne zeigt an	1,6 . . . 3,3	9	kleine Schäden an Häusern (Dachziegel werden abgeworfen)	20,8 . . . 24,4
3	Blätter und dünne Zweige bewegen sich	3,4 . . . 5,4	10	entwurzelt Bäume, bedeutende Schäden an Häusern	24,5 . . . 28,4
4	Zweige und dünne Äste bewegen sich	5,5 . . . 7,9	11	verbreitete Sturmschäden (sehr selten im Binnenlande)	28,5 . . . 32,6
5	kleine Laubbäume beginnen zu schwanken	8,0 . . . 10,7	12	schwerste Verwüstungen	32,7 . . . 36,9
6	starke Äste in Bewegung	10,8 . . . 13,8			

Siedetemperatur und Sättigungsdampfdruck von Wasser

Siedetemperatur in °C	-10	0	10	20	50	100	150	200	371,1
Sättigungsdampfdruck in mbar	2,85	6,11	12,3	23,3	123	1013	4756	15600	22200

Spezifischer Heizwert (Endprodukte gasförmig bei 1 bar, 20 °C) in MJ/kg

Anthrazit	34,3	Benzin	44,0	Acetylen	45,2
Braunkohle	21,0	Benzol	40,4	Butan	45,7
Holz frisch/trocken	8,0/19,0	Brennspiritus	23,8	Erdgas	38,2
Hüttenkoks	29,0	Ethanol	26,7	Kohlenstoffmonooxid	10,0
Torf	16,0	Heizöl	40,6	Propan	46,5
Trockenspiritus	19,0	Methanol	22,7	Stadtgas	29,0
Steinkohle	35,5	Petroleum	42,0	Wasserstoff	120,0

Schallstärke (Schallpegel)

Der Pegel a in dB (Dezibel) beträgt
- beim Schalldruck:

$$a = 20 \cdot \lg \frac{p}{p_o}\ \text{dB}$$

- bei der Schalleistung:

$$a = 10 \cdot \lg \frac{P_a}{P_{a,o}}\ \text{dB}$$

		Schalldruckpegel	Schalleistungspegel	Schallpegelmaß
U_1	Bezugsgröße	Druck $p_o = 2 \cdot 10^{-5}$ Pa	Leistung $P_{a,o} = 10^{-12}$ W	bewertet*, in dB (A)
U_2	Hörschwelle	$p = p_o$	$P_a = P_{a,o}$	0 dB (A)
	Schmerzschwelle	$p = 10^7 p_o$	$P_a = 10^{14} P_{a,o}$	140 dB (A)

* bewertet nach Empfindlichkeitskurve A für die Frequenzabhängigkeit der menschlichen Schallstärkeempfindung

hallgeschwindigkeit

trockener uft ist bei der emperatur T: $c_T = 331\,\frac{\text{m}}{\text{s}} \cdot \sqrt{\frac{T}{273\ \text{K}}}$

in °C	0	10	15	20	30
in ms^{-1}	331	337	340	343	349

bei 18 °C in ms^{-1}		bei 15 °C in ms^{-1}		bei 0 °C in ms^{-1}	
Aluminium, Eisen	5100	Petroleum	1330	Kohlenstoffdioxid	260
Glas	5000	Wasser, rein	1468	Stadtgas	490
Messing	3400	Meerwasser	1500	Wasserstoff	1270

hwingungsfrequenzen der Tonleiter in Hz

on	c′	cis′	d′	dis′	e′	f′	fis′	g′	gis′	a′	ais′	h′	c″
ein	264	278	297	313	330	352	374	396	418	**440**	467	495	528
mperiert*	262	277	294	311	330	349	370	392	415	**440**	466	494	524

temperierte oder gleichschwebende Stimmung: Halbtonschritte $\sqrt[12]{2} \approx 1{,}059$fache

aunhofersche Linien

inie	A (rot)	B (rot)	C (orange)	D (gelb)	E (grün)	F (blau)	G (blau)	H (violett)
in nm	761	687	656	589	527	486	431	397
Ierkunft	O	O	$H\alpha$	Na	Fe	$H\beta$	Fe	Ca

aupt-Spektrallinien, Wellenlängen in nm

latrium			590	589								
Vasserstoff		656			486		434	410				
Ielium	707	668	588	502	492	471	447					
admium		644		509	468	466					326	
uecksilber			578	546	492		435	408	405	365	334	313

rechzahlen

Vellenlänge	Ethanol	Wasser	Schwefel-kohlenstoff	Flintglas	Quarzglas	Kalkspat (o)	Kalkspat (ao)
687 nm (rot)	1,358	1,330	1,62	1,60	1,45	1,65	1,48
589 nm (gelb)	1,361	1,333	1,63	1,61	1,46	1,66	1,49
431 nm (blau)	1,370	1,341	1,68	1,63	1,47	1,68	1,50

pezifischer Widerstand bei 18 °C

Reinstoffe	$\Omega\,\text{mm}^2/\text{m}$	Legierungen	$\Omega\,\text{mm}^2/\text{m}$	Isolatoren	$\Omega\,\text{mm}^2/\text{m}$
Aluminium	0,027	Manganin	0,43	Bernstein	$> 10^{22}$
Eisen, Stahl	0,1 . . . 0,5	(84 Cu, 4 Ni, 12 Mn)		Glas	$10^{16} \ldots 10^{19}$
Kohle	50 . . . 100	Messing	0,08	Glimmer	$10^{19} \ldots 10^{21}$
Kupfer	0,017	(66 Cu, 34 Zn)		Hartgummi	$10^{19} \ldots 10^{21}$
Nickel	0,07	Nickelin	0,42	Paraffin	$10^{20} \ldots 10^{22}$
Quecksilber	0,958	(58 Cu, 41 Ni, 1 Mn)		Polystyrol	$5 \cdot 10^{18}$
Silber	0,016	Konstantan	0,49	Porzellan	$10^{19} \ldots 10^{20}$
Wolfram	0,049	(60 Cu, 40 Ni)		Siegellack	10^{22}

ielektrizitätszahlen (Permittivitätszahlen) ε_r bei 20 °C

Benzol	2,3	Glimmer	6 . . . 8	Luft (0 °C)	1,0006	PVC	6,1
Bernstein	2,8	Glycerin	56	Paraffin	2,1	Polystyrol	2,4
Ethanol	25	Hartgummi	3,5	Petroleum	2	Porzellan	6
Glas	5 . . . 9	Hartpapier	4,5	Plexiglas	3,4	Wasser	81

ermeabilitätszahlen μ_r in Abhängigkeit von der magnetischen Feldstärke

Feldstärke	H in A/m	400	1200	4000	8000	12000
Gußeisen	B in T	0,04	0,27	0,65	0,85	0,98
	μ_r	81	181	129	85	65
Dynamoblech	B in T	1,03	1,42	1,62	1,72	1,80
	μ_r	2060	942	323	172	120

unkenschlagweite (kugelförmige Elektroden mit $r = 1$ cm, bei 1013 mbar, 20 °C)

Schlagweite (cm)	0,1	0,2	0,3	0,5	0,7	1,0	1,5	2,0	3,0	4,0
Spannung (kV)	4,4	8,2	12	18	23	31	40	47	57	64

Atomare Teilchen

Teilchen	Zeichen	Ladung	Ruhmasse	Weitere Angaben
Elektron	$-{}^{0}_{1}e$	$-e$	$m_e = 9{,}1095 \cdot 10^{-31}$ kg	$e = 1{,}6022 \cdot 10^{-19}$ C
Positron	${}^{0}_{1}e$	$+e$	$9{,}1095 \cdot 10^{-31}$ kg	$e/m_e = 1{,}759 \cdot 10^{11}$ C/kg
Proton	$p = {}^{1}_{1}H^{+}$	$+e$	$m_p = 1{,}6726 \cdot 10^{-27}$ kg	$e/m_p = 9{,}579 \cdot 10^{7}$ C/kg
Neutron	$n = {}^{1}_{0}n$	0	$m_n = 1{,}6750 \cdot 10^{-27}$ kg	$m_p = 1\,836\ m_e$
Deuteron	$d = {}^{2}_{1}H^{+}$	$+e$	Wegen $E = mc^2$ werden die Massen atomarer Teilchen auch mit	
α-Teilchen	$\alpha = {}^{4}_{2}He^{++}$	$+2e$	Hilfe der Energieeinheit MeV ausgedrückt, z. B. $m_e c^2 = 0{,}511$ MeV.	

Energie und Reichweite von α-Strahlen in Luft (1013 mbar, 15 °C)

Energie in MeV	1,0	2,0	3,0	5,0	7,5	10,0
Reichweite in cm	0,55	1,07	1,71	3,45	6,53	10,55

Energie und Reichweite von β-Strahlen in Aluminium

Reichweiten in anderen Stoffen ergeben sich durch Multiplikation der Reichweiten mit $\varrho_{Al}/\varrho_{Stoff}$

Energie in MeV	0,1	0,2	0,4	0,8	1,0	2,0
Reichweite in 10^{-3} cm	5	17	50	117	150	370

Die natürlichen radioaktiven Isotope

1 - Name, 2 - Symbol, 3 - Ordnungszahl, 4 - Massenzahl, 5 - Atommasse in u, 6 - Strahlungsart, 7 - Halbwertszeit

1	2	3	4	5	6	7
Polonium	Po	84	210	209,982876	α	138,4 d
			211	210,986657	α	0,5 s
			212	211,988866	α	$3 \cdot 10^{-7}$ s
			214	213,995201	α	$1{,}6 \cdot 10^{-4}$ s
			215	214,99942	α	$1{,}8 \cdot 10^{-3}$ s
			216	216,00192	α	0,15 s
			218	218,00893	α	3 min
Astatin	At	85	215	214,99866	α	10^{-4} s
			218	218,00861	α	2 s
Radon	Rn	86	219	219,00948	α	4,0 s
			220	220,01140	α	55 s
			222	222,01753	α	3,83 d
Francium	Fr	87	223	223,01974	β^-	22 min
Radium	Ra	88	223	223,01850	α	11,4 d
			224	224,02022	α	3,6 d
			226	226,02536	α	$1{,}6 \cdot 10^{3}$ a
			228	228,03114	β	5,8 a
Aktinium	Ac	89	227	227,02775	β^-	22 a
			228	228,03108	β^-	6,1 h
Thorium	Th	90	227	227,02771	α	18,5 d
			228	228,02875	β^-	1,91 a
			230	230,03309	α	$8 \cdot 10^{4}$ a
			231	231,03629	β	25 h
	(100%)		232	232,03812	α	$1{,}4 \cdot 10^{10}$ a
			234	234,04358	β^-	24 h
Protaktinium	Pa	91	231	231,03588	α	$3{,}4 \cdot 10^{4}$ a
			234	234,04330	β^-	6,7 h
Uran	U	92				
	(0,056%)		234	234,04090	α	$2{,}5 \cdot 10^{5}$ a
	(0,72%)		235	235,04392	α	$7{,}1 \cdot 10^{8}$ a
	(99,27%)		238	238,05077	α	$4{,}5 \cdot 10^{9}$ a

Technisch wichtige radioaktive Isotope und ihre Strahlung

* - künstlich hergestellt, $t_{1/2}$ - Halbwertszeit

Isotop	Symbol	$t_{1/2}$	Strahlung, Energie (MeV) α	β^-	β^+	γ
Wasserstoff* (Tritium)	${}^{3}_{1}T$	12,3 a	–	0,018	–	–
Kohlenstoff*	${}^{14}_{6}C$	5760 a	–	0,158	–	–
Stickstoff*	${}^{13}_{7}N$	10 min	–	–	1,19	–
Sauerstoff*	${}^{15}_{8}O$	124 s	–	–	1,73	–
Natrium*	${}^{22}_{11}Na$	2,6 a	–	–	0,54	1,274
	${}^{24}_{11}Na$	15 h	–	1,39	–	1,368; 2,753
Phosphor*	${}^{32}_{15}P$	14,3 d	–	1,71	–	–
Schwefel*	${}^{35}_{16}S$	87 d	–	0,167	–	–
Chlor*	${}^{36}_{17}Cl$	$3 \cdot 10^{5}$ a	–	0,71	–	–
	${}^{38}_{17}Cl$	48 min	–	4,8	–	2,2; 1,6
Kalium*	${}^{42}_{19}K$	12,4 h	–	3,55	–	1,52
Calcium*	${}^{45}_{20}Ca$	164 d	–	0,254	–	–
Chrom*	${}^{51}_{24}Cr$	27,8 d	–	–	–	0,32
Eisen*	${}^{59}_{26}Fe$	45 d	–	0,46	–	1,29; 1,10
Cobalt*	${}^{60}_{27}Co$	5,25 a	–	0,31	–	1,33; 1,73
Kupfer*	${}^{64}_{29}Cu$	12,8 h	–	0,57	0,66	1,34
Zink*	${}^{65}_{30}Zn$	246 d	–	–	0,326	1,12

Isotop	Symbol	$t_{1/2}$	Strahlung, Energie (MeV) α	β^-	β^+	γ
Silber*	${}^{110}_{47}Ag$	270 d	–	0,087	–	1,3
Iod*	${}^{123}_{53}I$	13,2 h	–	–	–	0,159
	${}^{131}_{53}I$	8,14 d	–	0,61	–	0,346; 0,639
Cäsium*	${}^{137}_{55}Cs$	26,6 a	–	0,52	–	0,662
Wolfram*	${}^{185}_{74}W$	73,2 d	–	0,43	–	0,125
Gold*	${}^{198}_{79}Au$	2,7 d	–	0,96	–	0,412
Polonium	${}^{210}_{84}Po$	138 d	5,31	–	–	0,80
Radon	${}^{222}_{86}Rn$	3,83 d	5,49	–	–	0,51
	${}^{220}_{86}Rn$	55 s	6,29	–	–	0,54
Radium	${}^{226}_{88}Ra$	1601 a	4,78	–	–	0,186
			4,60			
Uran	${}^{234}_{92}U$	$2{,}5 \cdot 10^{5}$ a	4,77	–	–	0,12; 0,05
	${}^{235}_{92}U$	$7{,}1 \cdot 10^{8}$ a	4,35	–	–	0,18; 0,14
			4,56			
	${}^{238}_{92}U$	$4{,}5 \cdot 10^{9}$ a	4,19	–	–	0,048
Neptunium*	${}^{239}_{93}Np$	2,3 d	0,72	–	–	0,33
Plutonium*	${}^{239}_{94}Pu$	$2{,}44 \cdot 10^{4}$ a	5,15	–	–	0,42
			5,13			

Die Transurane (langlebigstes Isotop)

-Kernladungszahl, A-Massenzahl, $t_{1/2}$-Halbwertszeit

Name	Symbol	Z	A	$t_{1/2}$
Neptunium	Np	93	237	$2{,}1 \cdot 10^6$ a
Plutonium	Pu	94	244	$8 \cdot 10^7$ a
Americium	Am	95	243	$7{,}4 \cdot 10^3$ a
Curium	Cm	96	247	$1{,}6 \cdot 10^7$ a
Berkelium	Bk	97	247	1400 a
Californium	Cf	98	251	≈ 800 a
Einsteinium	Es	99	254	276 d
Fermium	Fm	100	257	100 d
Mendelevium	Md	101	258	55 d
Nobelium	No	102	259	58 min
Lawrencium	Lr	103	260	3 min
Rutherfordium	Rf	104	261	65 s
Dubnium*	Db	105	262	40 s
Seaborgium*	Sg	106	263	0,9 s
Bohrium*	Bh	107	262	102 ms
Hassium*	Hs	108	265	1,8 ms
Meitnerium*	Mt	109	266	3,4 ms

*vorläufige Bezeichnungen

Die häufigsten Isotope

Es sind alle stabilen Isotope aufgeführt, die in den natürlichen Isotopengemischen mit mehr als 10% vorkommen.

1 - Name, Symbol; 2 - Kernladungszahl; 3 - Massenzahl; 4 - Atommasse in u; 5 - Häufigkeit im natürlichen Isotopengemisch in %.

1		2	3	4	5
Wasserstoff	H	1	1	1,007825	99,9
Helium	He	2	4	4,002603	100
Lithium	Li	3	6	6,015125	7,4
			7	7,016004	92,6
Beryllium	Be	4	9	9,012186	100
Bor	B	5	10	10,012939	20
			11	11,009305	80
Kohlenstoff	C	6	12	12,000000	98,9
Stickstoff	N	7	14	14,003074	99,6
Sauerstoff	O	8	16	15,994915	99,7
Fluor	F	9	19	18,998405	100
Neon	Ne	10	20	19,992440	90,5
Natrium	Na	11	23	22,989771	100
Magnesium	Mg	12	24	23,985042	78,8
			25	24,985839	10,1
			26	25,982583	11,1
Aluminium	Al	13	27	26,981539	100
Silicium	Si	14	28	27,976929	92,2
Phosphor	P	15	31	30,973765	100
Schwefel	S	16	32	31,972974	95,0
Chlor	Cl	17	35	34,968851	75,8
			37	36,965898	24,2
Argon	Ar	18	40	39,962384	99,6
Kalium	K	19	39	38,963710	93,2
Calcium	Ca	20	40	39,962589	96,9
Scandium	Sc	21	45	44,955919	100
Titan	Ti	22	48	47,947950	73,9
Vanadium	V	23	51	50,943961	99,7
Chrom	Cr	24	52	51,940513	83,7
Mangan	Mn	25	55	54,938910	100
Eisen	Fe	26	56	55,934936	91,6
Cobalt	Co	27	59	58,933189	100
Nickel	Ni	28	58	57,935342	68,0
			60	59,930787	26,2
Kupfer	Cu	29	63	62,929592	69,2
			65	64,927786	30,8
Zink	Zn	30	64	63,929145	48,9
			66	65,926052	27,8
			68	67,924857	18,6
Gallium	Ga	31	69	68,925574	60,2
			71	70,924706	39,8
Germanium	Ge	32	70	69,92452	20,7
			72	71,922082	27,5
			74	73,921181	36,4
Arsen	As	33	75	74,921596	100
Selen	Se	34	78	77,917314	23,5
			80	79,916527	49,9
Brom	Br	35	79	78,918329	50,7
			81	80,916292	49,3
Krypton	Kr	36	82	81,913482	11,6
			83	82,914131	11,5
			84	83,911503	57,0
			86	85,910616	17,3
Rubidium	Rb	37	85	84,911800	72,2
(β^-; $4{,}7 \cdot 10^{10}$ a)			87	86,909186	27,8
Strontium	Sr	38	88	87,905641	82,6
Yttrium	Y	39	89	88,905872	100

1		2	3	4	5
Zirconium	Zr	40	90	89,904700	51,5
			91	90,905642	11,2
			92	91,905031	17,1
			94	93,906313	17,4
Niob	Nb	41	93	92,906382	100
Molybdän	Mo	42	92	91,90681	15,2
			95	94,905839	15,9
			96	95,904674	16,6
			98	97,905409	24,3
Technetium	Tc	43	–	instabil	
Ruthenium	Ru	44	99	98,905936	12,7
			100	99,904218	12,6
			101	100,905577	17,1
			102	101,904348	31,6
			104	103,905430	18,6
Rhodium	Rh	45	103	102,905511	100
Palladium	Pd	46	104	103,90401	11,0
			105	104,90506	22,2
			106	105,903479	27,3
			108	107,903891	26,7
			110	109,90516	11,8
Silber	Ag	47	107	106,905094	51,8
			109	108,904756	48,2
Cadmium	Cd	48	110	109,903012	12,4
			111	110,904188	12,8
			112	111,902762	24,0
			113	112,904408	12,3
			114	113,903360	28,8
Indium	In	59	113	112,904089	4,2
(β^-; $6 \cdot 10^{14}$ a)			115	114,903871	95,8
Zinn	Sn	50	116	115,901745	14,3
			118	117,901606	24,0
			120	119,902198	32,9
Antimon	Sb	51	121	120,90382	57
			123	122,90422	43
Tellur	Te	52	126	125,903322	18,7
			128	127,904476	31,7
			130	129,906238	34,3
Iod	I	53	127	126,904470	100
Xenon	Xe	54	129	128,904784	26,4
			131	130,905085	21,2
			132	121,904161	26,9
			134	133,905397	10,5
Caesium	Cs	55	133	132,90536	100
Barium	Ba	56	137	136,9055	11,3
			138	137,90501	71,7
Lanthan	La	57	139	138,90614	99,9
Cer	Ce	58	140	139,90539	88,5
Praseodym	Pr	59	141	140,90760	100
Neodym	Nd	60	142	141,90766	27,1
			143	142,90978	12,2
(β^-; $5 \cdot 10^{15}$ a)			144	143,91004	23,9
			146	145,91309	17,2
Promethium	Pm	61	—	instabil	
Samarium	Sm	62	152	151,91976	26,8
			154	153,92228	22,8
(α; $1{,}3 \cdot 10^{11}$ a)			147	146,91487	14,9

1		2	3	4	5
(α; $2 \cdot 10^{13}$ a)			148	147,91479	11,2
(α; $4 \cdot 10^{14}$ a)			149	148,91718	13,8
Europium	Eu	63	151	150,92124	52,2
			153	152,92124	52,2
Gadolinium	Gd	64	155	154,92266	14,8
			156	155,92218	20,6
			157	156,92402	15,7
			158	157,92418	24,8
			160	159,92712	21,8
Terbium	Tb	65	159	158,92535	100
Dysprosium	Dy	66	161	160,92694	18,9
			162	161,92680	25,5
			163	162,92876	24,9
			164	163,92920	28,2
Holmium	Ho	67	165	164,93042	100
Erbium	Er	68	166	165,93031	33,4
			167	166,93206	22,9
			168	167,93238	27,0
			170	169,93556	15,0
Thulium	Tm	69	169	168,93424	100
Ytterbium	Yb	70	171	170,93643	14,3
			172	171,93636	21,8
			173	172,93806	16,2
			174	173,93874	31,8
			176	175,94268	12,7
Lutetium	Lu	71	175	174,94064	97,4
Hafnium	Hf	72	177	176,94340	18,5
			178	177,94388	27,1
			179	178,94603	13,8
			180	179,9468	35,2
Tantal	Ta	73	181	180,94801	99,9
Wolfram	W	74	182	181,94830	26,2
			183	182,95032	14,3
			184	183,95102	30,7
			186	185,95444	28,7
Rhenium	Re	75	185	184,95306	37,1
(β^-; 10^{11} a)			187	186,95583	62,9
Osmium	Os	76	188	187,95608	13,3
			189	188,95830	16,1
			190	189,95863	26,4
			192	191,96145	41,0
Iridium	Ir	77	191	190,96064	37,3
			193	192,96301	62,7
Platin	Pt	78	194	193,96272	32,9
			195	194,96481	33,8
			196	195,96497	25,2
Gold	Au	79	197	196,96654	100
Quecksilber	Hg	80	198	197,966756	10,1
			199	198,968279	16,9
			200	199,968327	23,1
			201	200,970308	13,2
			202	201,970642	29,7
Thallium	Tl	81	203	202,972353	29,5
			205	204,974442	70,5
Blei	Pb	82	206	205,974468	23,6
			207	206,975903	22,6
			208	207,97665	52,3
Bismut	Bi	83	209	208,980394	100

Periodensystem der Elemente

Periode	Hauptgruppen I	II	Nebengruppen IIIa		IVa	Va	VIa	VIIa	VIIIa			Ia	Ib	Hauptgruppen III	IV	V	VI	VII	VIII/0	Periode
1	1,008 1 **H** Wasserstoff 1																		4,003 2 **He** Helium -	**1**
2	6,94 3 **Li** Lithium 1	9,013 4 **Be** Beryllium 2												10,82 5 **B** Bor 3	12,011 6 **C** Kohlenstoff 4	14,008 7 **N** Stickstoff 5	16 8 **O** Sauerstoff 6	19 9 **F** Fluor 7	20,183 10 **Ne** Neon -	**2**
3	22,991 11 **Na** Natrium 1	24,32 12 **Mg** Magnesium 2												26,97 13 **Al** Aluminium 3	28,06 14 **Si** Silicium 4	30,98 15 **P** Phosphor 5	32,066 16 **S** Schwefel 6	35,457 17 **Cl** Chlor 7	39,944 18 **Ar** Argon -	**3**
4	39,096 19 **K** Kalium 1	40,08 20 **Ca** Calcium 2	44,10 21 **Sc** Scandium 3		47,90 22 **Ti** Titan 4	50,95 23 **V** Vanadium 5	52,01 24 **Cr** Chrom 6	54,94 25 **Mn** Mangan 7	55,85 26 **Fe** Eisen 8	58,94 27 **Co** Cobalt 9	58,71 28 **Ni** Nickel 10	63,54 29 **Cu** Kupfer 11	65,38 30 **Zn** Zink 2	69,72 31 **Ga** Gallium 3	72,60 32 **Ge** Germanium 4	74,91 33 **As** Arsen 5	78,96 34 **Se** Selen 6	79,916 35 **Br** Brom 7	83,7 36 **Kr** Krypton -	**4**
5	85,48 37 **Rb** Rubidium 1	87,63 38 **Sr** Strontium 2	88,92 39 **Y** Yttrium 3		91,22 40 **Zr** Zirconium 4	92,91 41 **Nb** Niob 5	95,95 42 **Mo** Molybdän 6	99 43 **Tc*** Technetium 7	101,1 44 **Ru** Ruthenium 8	102,91 45 **Rh** Rhodium 9	106,4 46 **Pd** Palladium 10	107,88 47 **Ag** Silber 11	112,41 48 **Cd** Cadmium 2	114,82 49 **In** Indium 3	118,70 50 **Sn** Zinn 4	121,76 51 **Sb** Antimon 5	127,61 52 **Te** Tellur 6	126,92 53 **I** Iod 7	131,3 54 **Xe** Xenon -	**5**
6	132,91 55 **Cs** Cäsium 1	137,36 56 **Ba** Barium 2	138,92 57 **La** Lanthan 3	*	178,5 72 **Hf** Hafnium 4	180,92 73 **Ta** Tantal 5	183,86 74 **W** Wolfram 6	186,27 75 **Re** Rhenium 7	190,2 76 **Os** Osmium 8	193,2 77 **Ir** Iridium 9	195,09 78 **Pt** Platin 10	197,0 79 **Au** Gold 11	200,61 80 **Hg** Quecksilber 2	204,39 81 **Tl** Thallium 3	207,21 82 **Pb** Blei 4	209 83 **Bi** Bismut 5	210 84 **Po*** Polonium 6	211 85 **At*** Astatin 7	222 86 **Rn*** Radon -	**6**
7	223 87 **Fr*** Francium 1	226,05 88 **Ra*** Radium 2	227 89 **Ac** Actinium 3	**	261 104 **Rf*** Rutherfordium 4	262 105 **Db*** Dubnium 5	263 106 **Sg*** Seaborgium 6	262 107 **Bh*** Bohrium 7	265 108 **Hs*** Hassium 8	266 109 **Mt*** Meitnerium 9										**7**

* Lanthanide

6	140,13 58 **Ce** Cer 4	140,92 59 **Pr** Praseodym 5	144,27 60 **Nd** Neodym 6	145 61 **Pm*** Promethium 7	150,35 62 **Sm** Samarium 8	152 63 **Eu** Europium 9	157,26 64 **Gd** Gadolinium 10	159,2 65 **Tb** Terbium 11	162,51 66 **Dy** Dysprosium 12	164,94 67 **Ho** Holmium 13	167,27 68 **Er** Erbium 14	169,4 69 **Tm** Tulium 15	173,04 70 **Yb** Ytterbium 16	174,99 71 **Lu** Lutetium 3

** Actinide

7	232,05 90 **Th*** Thorium 4	231 91 **Pa*** Protactinium 5	238,07 92 **U*** Uran 6	237 93 **Np*** Neptunium 7	242 94 **Pu** Plutonium 8	243 95 **Am*** Americium 9	245 96 **Cm*** Curium 10	249 97 **Bk*** Berkelium 11	249 98 **Cf*** Californium 12	255 99 **Es*** Einsteinium 13	255 100 **Fm*** Fermium 14	256 101 **Md*** 15	254 102 **No*** 16	257 103 **Lr*** 3

Erläuterungen

238,07 92 **U*** Uran 6

* beim Elementsymbol: Alle Isotope dieses Elements sind radioaktiv. Die Zahl im kleinen Kästchen gibt die Zahl der Bindungselektronen an; dies sind diejenigen Elektronen des Atoms, die für chemische Reaktionen einen Platzwechsel ausführen können.

Die Zahl links oben am Elementsymbol gibt die Atommasse – bezogen auf 1/12 der Masse des Kohlenstoffisotops ^{12}C –

Radioaktive Zerfallsreihen

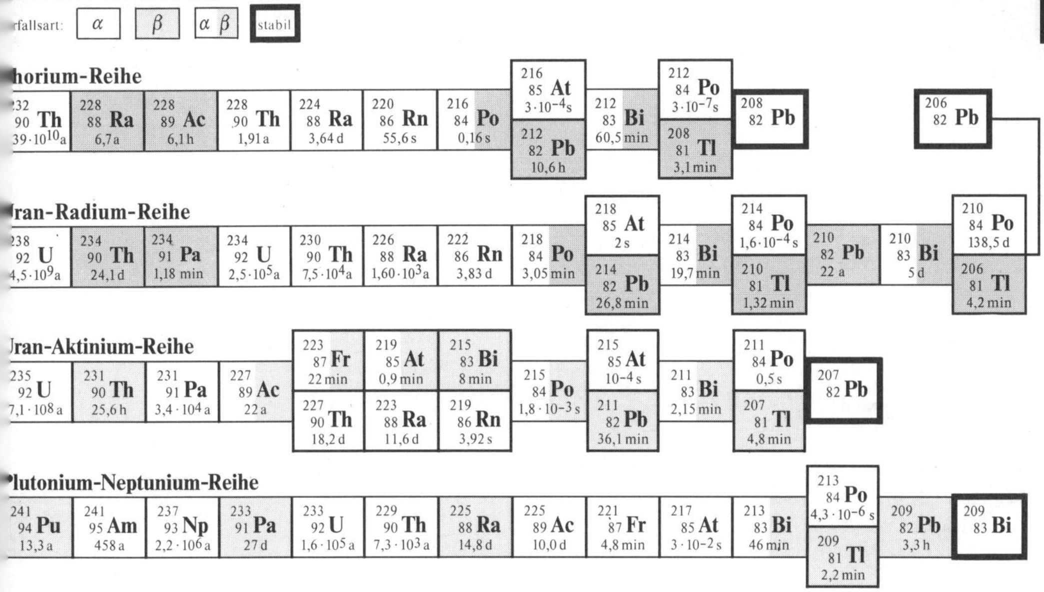

Zerfallsart: α | β | $\alpha\ \beta$ | stabil

Thorium-Reihe

| $^{232}_{90}$Th $1,39\cdot10^{10}$a | $^{228}_{88}$Ra 6,7a | $^{228}_{89}$Ac 6,1h | $^{228}_{90}$Th 1,91a | $^{224}_{88}$Ra 3,64d | $^{220}_{86}$Rn 55,6s | $^{216}_{84}$Po 0,16s | | $^{216}_{85}$At $3\cdot10^{-4}$s | | $^{212}_{83}$Bi 60,5min | $^{212}_{84}$Po $3\cdot10^{-7}$s | $^{208}_{82}$Pb | $^{206}_{82}$Pb |
| | | | | | | | | $^{212}_{82}$Pb 10,6h | | $^{208}_{81}$Tl 3,1min | | |

Uran-Radium-Reihe

| $^{238}_{92}$U $4,5\cdot10^{9}$a | $^{234}_{90}$Th 24,1d | $^{234}_{91}$Pa 1,18min | $^{234}_{92}$U $2,5\cdot10^{5}$a | $^{230}_{90}$Th $7,5\cdot10^{4}$a | $^{226}_{88}$Ra $1,60\cdot10^{3}$a | $^{222}_{86}$Rn 3,83d | $^{218}_{84}$Po 3,05min | $^{218}_{85}$At 2s | $^{214}_{84}$Po $1,6\cdot10^{-4}$s | $^{214}_{83}$Bi 19,7min | $^{210}_{82}$Pb 22a | $^{210}_{83}$Bi 5d | $^{210}_{84}$Po 138,5d | $^{206}_{82}$Pb |
| | | | | | | | | | $^{214}_{82}$Pb 26,8min | | $^{210}_{81}$Tl 1,32min | | $^{206}_{81}$Tl 4,2min |

Uran-Aktinium-Reihe

| $^{235}_{92}$U $7,1\cdot10^{8}$a | $^{231}_{90}$Th 25,6h | $^{231}_{91}$Pa $3,4\cdot10^{4}$a | $^{227}_{89}$Ac 22a | $^{223}_{87}$Fr 22min | $^{219}_{85}$At 0,9min | $^{215}_{83}$Bi 8min | $^{215}_{84}$Po $1,8\cdot10^{-3}$s | $^{215}_{85}$At 10^{-4}s | $^{211}_{83}$Bi 2,15min | $^{211}_{84}$Po 0,5s | $^{207}_{82}$Pb |
| | | | $^{227}_{90}$Th 18,2d | $^{223}_{88}$Ra 11,6d | $^{219}_{86}$Rn 3,92s | | $^{211}_{82}$Pb 36,1min | | $^{207}_{81}$Tl 4,8min | | |

Plutonium-Neptunium-Reihe

| $^{241}_{94}$Pu 13,3a | $^{241}_{95}$Am 458a | $^{237}_{93}$Np $2,2\cdot10^{6}$a | $^{233}_{91}$Pa 27d | $^{233}_{92}$U $1,6\cdot10^{5}$a | $^{229}_{90}$Th $7,3\cdot10^{3}$a | $^{225}_{88}$Ra 14,8d | $^{225}_{89}$Ac 10,0d | $^{221}_{87}$Fr 4,8min | $^{217}_{85}$At $3\cdot10^{-2}$s | $^{213}_{83}$Bi 46min | $^{213}_{84}$Po $4,3\cdot10^{-6}$s | $^{209}_{82}$Pb 3,3h | $^{209}_{83}$Bi |
| | | | | | | | | | | | $^{209}_{81}$Tl 2,2min | | |

Astronomische Begriffe, Einheiten

Astronomische Einheit:	1 AE = $1,4959787\cdot10^{11}$ m	mittlere Entfernung Erde–Sonne
Lichtjahr:	1 LJ = 63 275 AE $\approx 9,46\cdot10^{15}$ m	(Enfernung, die ein Photon im Vakuum in 1 Jahr zurücklegt)
Parsec:	1 Parsec = 3,26 LJ $\approx 3,09\cdot10^{16}$ m	(Entfernung, in der 1 AE unter dem Winkel von 1″ erscheint)

Jahr, siderisches:	365,2564 d	**Monat,** siderischer:	27,3217 d
Jahr, tropisches:	365 d 05 h 48 min 46 s	**Monat,** synodischer:	29 d 12 h 44 min 03 s
	(von Frühlingspunkt bis Frühlingspunkt)		(von Neumond bis Neumond)

Tropischer Umlauf	eines Gestirns: Vom Frühlingspunkt zum Frühlingspunkt
Siderischer Umlauf	eines Gestirns: Von einem Fixstern zum gleichen Fixstern
1 Sterntag	Zeit zwischen 2 aufeinanderfolgenden *oberen* Meridiandurchgängen des Frühlingspunktes = 23 h 56 min 4 s = (1/1,00274) d.
Ekliptik	Großkreis, den die Ebene der Erdbahn im Laufe eines Jahres auf der Himmelssphäre ausschneidet.

Daten einiger künstlicher Erdsatelliten (aus Reuss, Jahrbuch der Luft- und Raumfahrt)

Name	Start	Masse in kg	Form	Perigäum in km*	Apogäum in km*	Umlaufzeit in min*	Bahnnei-gung*	Bemerkung, Aufgaben
Sputnik I	4.10.57	83,6	KU	225	950	96,0	65,0°	Temperat.-, Druckmessung
Explorer 1	31. 1.58	8,2	ZY	335	1 243	100,6	33,5°	Entdeckung der Strahlen-gürtel (van Allen-Gürtel)
Lunik III	4.10.59	279	K	47 500	470 000	21 609	76,4°	1. Foto der Mondrückseite
Woschod I	12.10.64	5 320	ZY	178	409	90,1	65,0°	17 Runden mit 3 Personen
Salut 1	19. 4.71	7 000	ZY	256	269	89,7	51,5°	1. bemannte Raumstation
GEOS-3	9. 4.75	340	OK	839	848	101,7	114,9°	Vermessung der Erdoberfläche, Bewegung des Meeres
Intelsat-2	29. 1.76	500	K	35 217	35 898	1 424,4	0,1°	weltweites Kommuni-kationssystem Television, Fernsprechverkehr

* Diese Angaben sind zeitlich nicht konstant; KU = Kugel-, ZY = Zylinder-, OK = Oktaeder-, K = Komplizierte Gestalt, Perigäum = erdnächster Punkt, Apogäum = erdfernster Punkt der Ellipse; Bahnneigung bzgl. Äquator.

Die Monde der Großen Planeten (a mittlere Entfernung Planet-Mond, T siderische Umlaufsdauer)

Planet / Mond	$\frac{a}{10^3\,\text{km}}$	$\frac{T}{\text{d}}$
Erde		
Erdmond	384,4	27,322
Mars		
1 Phobos	9,38	0,319
2 Deimos	23,48	1,262
Jupiter (unvollständige Aufzählung)		
5 Amalthea	181	0,498
1 Io	422	1,769
2 Europa	671	3,551
3 Ganymed	1 071	7,155
4 Kallisto	1 883	16,69
13 Leda	11 094	239
6 Himalia	11 478	250,6
10 Lysithea	11 720	260,0
7 Elara	11 740	259,7
12 Ananke	21 200	631,0 R
11 Carme	22 564	692,5 R
8 Pasiphae	23 457	735 R
9 Sinope	23 700	758 R
14 Hades	?	?

R.. bedeutet retrograde Rotation, d.h. von Norden aus gesehen dreht sich der Mond im Uhrzeigersinn.

Planet / Mond	$\frac{a}{10^3\,\text{km}}$	$\frac{T}{\text{d}}$
Saturn (unvollständige Aufzählung)		
10 Janus	151	0,695
1 Mimas	186	0,942
2 Enceladus	238	1,370
3 Tethys	295	1,888
4 Dione	378	2,737
5 Rhea	527	4,518
6 Titan	1 222	15,95
7 Hyperion	1 481	21,28
8 Japetus	3 561	79,33
9 Phoebe	12 954	550,5 R
Uranus		
5 Miranda	129,4	1,41
1 Ariel	191	2,520
2 Umbriel	266	4,144
3 Titania	436	8,706
4 Oberon	584	13,46
Neptun		
1 Triton	355	5,877 R
2 Nereide	5 511	360,2
Pluto		
Charon	19,7	6,387

Bahndaten der 9 Großen Planeten (mit dem Erdmond zum Vergleich)

Name und Zeichen	mittlere Entfernung von der Sonne			Umlaufsdauer T[1]	mittlere Umlaufsgeschwindigkeit in km s^{-1}	numerische Exzentrizität e[2]	Bahnneigung i gegenüber der Ekliptik[3]	kleinste Entfernung von der Erde	größte Entfernung von der Erde
	in AE	in 10^6 km	in Lichtzeit t					in AE	in AE
Merkur ☿	0,387	57,9	3,2 min	88 d	47,9	0,206	7,0°	0,53	1,47
Venus ♀	0,723	108,2	6,0 min	225 d	35,0	0,007	3,4°	0,27	1,73
Erde ♁	1,000	149,6	8,3 min	1,00 a	29,8	0,017	–	–	–
Mars ♂	1,524	227,9	12,7 min	1,9 a	24,1	0,093	1,8°	0,38	2,67
Jupiter ♃	5,203	778,3	43,2 min	11,9 a	13,1	0,048	1,3°	3,95	6,45
Saturn ♄	9,554	1427	1,3 h	29,5 a	9,7	0,056	2,5°	8,01	11,07
Uranus ♅	19,191	2870	2,7 h	84 a	6,8	0,046	0,8°	17,29	21,07
Neptun ♆	30,061	4496	4,2 h	165 a	5,4	0,0097	1,8°	28,80	31,33
Pluto ♇	39,49	5900	5,5 h	248 a	4,7	0,249	17,1°	28,7	50,3
Erdmond ☾	0,00257	0,384	1,3 s	27,32 d	1,02	0,055	5,1°	356410 km	40674 km

1. Die Umlaufzeit bezieht sich auf einen siderischen Umlauf des Gestirns, d. h. man mißt die Zeit, nach der der Planet von der Sonne (beim Mond von der Erde) aus gesehen bei seinem Umlauf wieder am gleichen Fixsternort angelangt ist.
2. Die numerische Exzentrizität e gibt die Abweichung der Ellipsenbahn von einer Kreisbahn an: $e = \sqrt{1 - (b/a)^2}$.
3. Die Ekliptik ist die im Laufe eines Jahres von der Sonne scheinbar durchlaufene Bahn am Fixsternhimmel. Die Ebene durch den Erdäquator hat mit der Ekliptikebene einen Winkel von rund 23,5 Grad. Die Schnittgerade der beiden Ebenen bestimmt auf der Himmelskugel den Frühlings- und Herbstpunkt (Tag- und Nachtgleiche).

Eigenschaften der großen Planeten (zum Vergleich Mond und Sonne)

	Merkur ☿	Venus ♀	Erde ♁	Mars ♂	Jupiter ♃	Saturn ♄	Uranus ⛢	Neptun ♆	Pluto ♇	Mond ☾	Sonne ☉
Äquatordurchmesser in km	4878	12104	12756	6788	142796	120000	51400	50540	3000	3476	1392000
Abplattung $\frac{a-b}{a}$ (*a* Äquator-, *b* Poldurchmesser	0	0	$\frac{1}{298}$ = 0,0034	$\frac{1}{193}$ = 0,009	$\frac{1}{15,4}$ = 0,06	$\frac{1}{9,3}$ = 0,1	$\frac{1}{33}$ = 0,06	$\frac{1}{52}$ = 0,02	?	$5 \cdot 10^{-4}$	–
Masse in kg	$3,30 \cdot 10^{23}$	$4,87 \cdot 10^{24}$	$5,974 \cdot 10^{24}$	$6,42 \cdot 10^{23}$	$1,899 \cdot 10^{27}$	$5,69 \cdot 10^{26}$	$8,70 \cdot 10^{25}$	$1,03 \cdot 10^{26}$	$\approx 1,5 \cdot 10^{22}$	$7,35 \cdot 10^{22}$	$1,989 \cdot 10^{30}$
mittlere Dichte in $g \cdot cm^{-3}$	5,44	5,24	5,515	3,95	1,33	0,70	1,30	1,55	1,1	3,34	1,41
Fallbeschleunigung am Äquator in $m \cdot s^{-2}$	3,70	8,87	9,780	3,71	23,3	9,2	8,6	11,4	?	1,62	274,0
Entweichgeschwindigkeit in $km \cdot s^{-1}$	4,25	10,4	11,17	5,02	57,7	33,2	20,8	23,5	?	2,38	618
Siderische Rotationsdauer	58,646 d	243,1 d rückläufig	23 h 56 m 4 s	24 h 37 m 23 s	9 h 50 m 30 s (Äquator)	10 h 14 m	15,6 h rückläufig	15,8 h rückläufig	6 d 9 h rückläufig	27 d 7 h 43 m 12 s	25,36 d (Äquator)
Neigung des Äquators gegen die Bahnebene	0°	177° 18′	23° 27′	25° 11′	3° 07′	26° 44′	97° 52′	29° 34′	118° ?	6° 41′	7° 15′ (gegen die Ekliptik)
größte scheinbare Helligkeit in mag	−0,2	−4,08	–	−1,94	−2,4	+0,8	+5,8	+7,6	+14,7	Vollmond −12,55 (Mittel)	−26,78

M

G

Basiseinheiten

Aus der Vielzahl der verschiedenen physikalischen Größen sind einige wenige so ausgewählt worden, da man mit ihren Einheiten alle übrigen Größen quantitativ erfassen kann. Diese *Basiseinheiten* sind in d Bundesrepublik Deutschland durch ein *Gesetz über Einheiten im Meßwesen* festgelegt.

Basiseinheit	Definition	Bemerkungen
m Meter	1 m ist die Länge der Strecke, die Licht im Vakuum während 1/299 792 458 Sekunden durchläuft.	Die Lichtgeschwindigkeit im Vakuum ist nunmehr eine im Zahlenwert unveränderliche Konstante. Das Meter war bis 1960 durch den Abstand zweier Eichstriche auf einem Meterprototyp (Urmeter) und bis 1985 durch eine bestimmte Wellenlänge einer Strahlung des Kryptonisotops $^{86}_{36}$Kr definiert.
kg Kilogramm	1 kg ist die Masse eines Kilogrammprototyps (Urkilogramm), der sich in Sèvres bei Paris befindet.	Der internationale Kilogrammprototyp ist ein Platin-Iridium-Zylinder, der etwa die Masse von 1 l Wasser hat.
s Sekunde	1 s ist das 9192631770fache der Periodendauer der Strahlung, die vom Caesiumisotop $^{133}_{55}$Cs bei einem genau festgelegten Quantensprung ausgesandt wird.	Die so definierte Sekunde unterscheidet sich von der bisher festgelegten Sekunde (1 s ist der 31556925,9747ste Teil des Jahres 1900) nur um 10^{-10} s.
A Ampere	1 A fließt dann jeweils durch zwei parallele, gerade und unendlich lange Leiter im Vakuum, wenn sie im Abstand 1 m mit der Kraft $2 \cdot 10^{-7}$ N je 1 m Länge aufeinander wirken.	Die unmittelbare Verwirklichung dieser Definition in ein Meßverfahren ist nicht möglich *(unendlich lange Drähte)*. Doch gibt es Versuchsanordnungen, die dieser Meßvorschrift sehr nahe kommen.
K Kelvin	1 K ist der 273,16te Teil der thermodynamischen Temperatur des Tripelpunkts von Wasser.	Der Tripelpunkt ist derjenige Zustand des Wassers, bei dem alle drei Aggregatzustände stabil nebeneinander existieren können. Er liegt bei 0,0100 °C und der Druck beträgt rund 6 mbar.
mol Mol	1 mol ist die Stoffmenge eines Systems, das aus so vielen Teilchen besteht, wie es Atome in 12 g $^{12}_{6}$C gibt.	Jedes System, das aus bezüglich einem Mengenmerkmal gleichartigen Teilchen besteht, hat die Stoffmengeneigenschaft.
cd Candela	1 cd ist die Lichtstärke in einer bestimmten Richtung einer Strahlungsquelle, welche monochromatische Strahlung der Frequenz $540 \cdot 10^{12}$ Hertz aussendet und deren Strahlstärke in dieser Richtung 1/683 Watt durch Steradiant beträgt.	Diese Definition entspricht in ihrem Wert der früheren Definition über den schwarzen Strahler, ermöglicht jedoch eine genauere Darstellung.

Erlaubte, abgeleitete Einheiten mit eigenem Namen

Größenart	Einheitenbezeichnung	Definition
Masse	u (atomare Masseneinheit) t (Tonne)	$1\ u = \frac{1}{12}$ der Masse eines $^{12}_{6}C$-Atoms $= 1{,}66053873 \cdot 10^{-27}$ kg* 1 t = 1000 kg
Zeit	min (Minute) h (Stunde) d (Tag) a (Jahr)	1 min = 60 s 1 h = 60 min = 3600 s 1 d = 24 h = 1440 min = 86400 s tropisches Jahr: 1 a = 365,2422 d in der Energiewirtschaft: 1 a = 365,0 d im Bankwesen: 1 a = 360,0 d
Frequenz	Hz (Hertz)	1 Hz = 1/s
Kraft	N (Newton)	$1\ N = 1\ kg\ m/s^2$
Druck	Pa (Pascal) bar (Bar)	$1\ Pa = 1\ N/m^2 = 1\ kg/(ms^2)$ $1\ bar = 10^5\ Pa = 10^5\ kg/(ms^2)$
Energie (auch **Arbeit, Wärmemenge**)	J (Joule) Ws (Wattsekunde) Nm (Newtonmeter) eV (Elektronvolt) kWh (Kilowattstunde) SKE (Steinkohleneinheit)	$1\ J = 1\ Ws = 1\ Nm = 1\ kg\ m^2/s^2$ $1\ eV = 1{,}6021892 \cdot 10^{-19}$ J* $1\ kWh = 3{,}6 \cdot 10^6\ J$ Energiewirtschaft: 1 t SKE = 8147,2 kWh
Leistung	W (Watt)	$1\ W = 1\ J/s = 1\ kg\ m^2/s^3$
Temperatur	°C (Grad Celsius)	1 °C = 1 K (für Temperaturunterschiede) t = T − 273,15 K (für Temperaturzustände)
Elektrische Ladung	C (Coulomb) Ah (Amperestunde)	1 C = 1 As 1 Ah = 3600 As
Elektrische Spannung	V (Volt)	$1\ V = 1\ W/A = 1\ J/C = 1\ kg\ m^2/(As^3)$
Elektrischer Widerstand	Ω (Ohm)	$1\ \Omega = 1\ V/A = 1\ kg\ m^2/(A^2s^3)$
Elektrische Kapazität	F (Farad)	$1\ F = 1\ C/V = 1\ A^2s^4/(kg\ m^2)$
Magnetischer Fluß	Wb (Weber)	$1\ Wb = 1\ Vs = 1\ kg\ m^2/(As^2)$
Magnetische Flußdichte	T (Tesla)	$1\ T = 1\ Wb/m^2 = 1\ kg/(As^2)$
Induktivität	H (Henry)	$1\ H = 1\ Wb/A = 1\ kg\ m^2/(A^2s^2)$
Aktivität	Bq (Bequerel)	1 Bq = 1/s
Energiedosis	Gy (Gray)	1 Gy = 1 J/kg
Äquivalentdosis	Sv (Sievert)	1 Sv = 1 J/kg

* Die Umrechnungen können sich, je nach Stand der Meßgenauigkeit, noch in der letzten Stelle ändern.

Vorsilben für dezimale Vielfache und Teile von Einheiten

Vorsilbe	Exa (E)	Peta (P)	Tera (T)	Giga (G)	Mega (M)	Kilo (k)	Hekto (h)	Deka (da)
bedeutet	10^{18}	10^{15}	10^{12}	10^9	10^6	10^3	10^2	10^1
Vorsilbe	Dezi (d)	Zenti (c)	Milli (m)	Mikro (μ)	Nano (n)	Piko (p)	Femto (f)	Atto (a)
bedeutet	10^{-1}	10^{-2}	10^{-3}	10^{-6}	10^{-9}	10^{-12}	10^{-15}	10^{-18}

Ausnahmen für Zeit- und Masseeinheiten

Dezimale Vielfache der Einheit Sekunde sind nicht zugelassen. Eine Kombination von Vorsilben ist nicht zulässig, deshalb nicht »μkg«, sondern »mg = 10^{-3} g«. Vorsilbe und Einheit bilden ein Ganzes; ein Potenzexponent bezieht sich demnach auch immer auf die Vorsilbe: z. B. $cm^3 = (cm)^3$.

G

Früher übliche, heute nicht mehr erlaubte Einheiten

Größenart	Einheitenbezeichnung	Definition
Länge	Å (Ångström)	1 Å = 10^{-10} m
Fläche	b (Barn)	1 b = 10^{-28} m^2
Beschleunigung	Gal (Gal)	1 Gal = 1 cm/s^2
Kraft	p (Pond) kp (Kilopond) dyn (Dyn)	1 p = 0,00980665 N 1 kp = 9,80665 N 1 dyn = 10^{-5} N
Druck	at (techn. Atmosphäre) atm (phys. Atmosphäre) Torr (Torr) mm WS (mm Wassersäule) mm Hg (mm Hg-Säule)	1 at = 98066,5 Pa 1 atm = 101 325 Pa 1 Torr = $\frac{101325}{760}$ Pa 1 mm WS = 9,80665 Pa 1 mm Hg = 1 Torr
Energie (auch Arbeit Wärmemenge)	kpm (Kilopondmeter) cal (Kalorie) kcal (Kilokalorie) erg (Erg)	1 kpm = 9,80665 J 1 cal = 4,1868 J 1 kcal = 4186,8 J 1 erg = 10^{-7} J
Leistung	kpm/s (Kilopondmeter durch Sekunde) PS (Pferdestärke)	1 kpm/s = 9,80665 W 1 PS = 75 kpm/s
Temperatur	°K (Grad Kelvin) grd (Grad Temperatur-differenz)	1 °K = 1 grd = 1 K
Magnetischer Fluß	M (Maxwell)	1 M = 10^{-8} Wb
Magnetische Flußdichte	G (Gauß)	1 G = 10^{-4} T
Magnetische Feldstärke	Oe (Oerstedt)	1 Oe = 79,577 A/m
Leuchtdichte	sb (Stilb)	1 sb = 10^4 cd/m^2
Aktivität	Ci (Curie) Rd (Rutherford)	1 Ci = 3,7 · 10^{10}/s 1 Rd = 10^6/s
Energiedosis	rd (Rad)	1 rd = 0,01 J/kg
Äquivalentdosis	rem (Rem)	1 rem = 0,01 J/kg
Ionendosis	R (Röntgen)	1 R = 2,58 · 10^{-4} C/kg

Internationale Einheiten

1 inch (in, Zoll)	= 2,54 cm	1 ounce (oz)		= 28,35 g
1 foot (ft) = 12 in	= 30,48 cm	1 pound (lb)	= 16 oz	= 453,6 g
1 yard (yd) = 3 ft	= 91,44 cm	1 quarter (qu)	= 28 lbs	= 12,70 kg
1 mile = 1760 yd	= 1609 m	1 short ton	= 2000 lbs	= 907,2 kg
1 acre	= 4047 m^2	1 long ton	= 2240 lbs	= 1016 kg
			englisch	amerikanisch
1 geographische Meile	= 7420 m	1 pint (liq. pt.)	= 0,5683 l	= 0,4732 l
1 Seemeile (sm)	= 1852 m	1 quart = 2 pints	= 1,1365 l	= 0,9464 l
1 Knoten (kn) = 1 sm/h	= 0,5144 m/s	1 gallon = 4 quarts	= 4,5461 l	= 3,7854 l
1 Faden	= 1,829 m	1 petroleum barrel	= 159,11 l	= 158,99 l
1 Registertonne	= 2,832 m^3	1° Fahrenheit (°F)		= $\frac{5}{9}$ °C
1 internat. Karat	= 0,2051 g	wobei 32 °F der Temperatur 0 °C entspricht.		
1 Feinunze (troy ounce, tr.oc.)	= 31,1035 g			